UN256895

マイカの時間
〝The BOOK〟

芝草科学とグリーンキーピング

マイカ・ウッズ

Contents 目次

Chapter 3

気温と日照と気候

Temperature, light, and climate

Chapter 4

Chapter 5

Chapter 6

肥料と土壌中の栄養分

Fertilizer and soil nutrients

Reference

この本はゴルフ場セミナー「マイカの時間」シリーズの連載に加筆修正をして単行本にまとめたものです。

Preface プレフィス

ゴルフ場セミナーに「マイカの時間」の連載を始めた頃は、それが単行本として出版されるとは夢にも思わなかった。月日を重ね、あれこれと話題を追いかけているうちに、芝草科学とグリーンキーピングについて随分と広い範囲をカバーする内容になった。その最初の6年間から、特に役立つ40本をまとめたのがこの本である。

原稿に向かう時は、いつも科学的な態度を心がけてきた。世界中で発表される研究の中から話題を選んだこともあったし、理論から選んだことも、また自身が行った測定や実験を話題にしたこともあった。ゴルフは芝草の上で行うスポーツである。グリーンキーパーはゴルフにもっとも相応しい競技面を作ろうと努力する。しかし、ゴルフ場が1つひとつ設計も立地も異なるように、そこに生育する芝草もまた、そこにしかない固有の土壌や気候をはじめ、無数の特殊条件の中で生きている。だが、グリーンキーピングの科学的な原理を理解して実践すれば、結果は予測可能となり、どのゴルフコースでも競技面を最適なものにできる。

それがこの本を作った理由である。取上げた各トピックについて自分自身が考察し追究することを通して、自分の科学知識とグリーンキーピングの知識の幅を広げていくことができた。それができたのは、筆者の来訪を快く受け入れてくれた多くのグリーンキーパーたち。長い時間を費やして興味深い体験を聞かせてくれ、議論に付き合ってくれたグリーンキーパーたちである。私を育ててくれたグリーンキーパー諸氏に、この場を借りて御礼を申し上げる。

もう1人、翻訳の上野幸夫氏にも謝意を表したい。自分の言葉を日本語で読者に伝えてくれたことは素晴らしく、大変うれしく思う。そして、芝草科学などとは日頃関わっていないあなたが読者の1人であったことに感謝したい。

Micah Woods（マイカ・ウッズ）
バンコクにて
2016年11月

Chapter 1

Greenkeeping fundamentals and philosophy

グリーンキーピングの基本と原理

〝グリーンキーピング〟を何か複雑なものと感じている人もいるかもしれない。しかし実際は、シンプルにも難しくもできるものである。一番シンプルなのは、簡単なところから始めて、基本中の基本をきちんと理解して実践すること。そしてその上に、複雑さを好きなだけ積み上げればよい。

グリーンキーピングの基本は、ゴルフプレーのための良い『面』を作る目的で、芝草の生育環境を変えることだ。もっと端的に言えば、芝草の生長速度を調節すること。それ以外は、すべてその後からついてくる事柄である。

どのような芝草でも、日本の気候では管理が難しい。そして、日本にはベントグリーンがとても多い。こうした難題にぶつかった時は、「グリーンキーピングとは何か」という大きな命題にまず目を向けてみるとよい。細々したことは、その後で検討すればよいのである。

キーパーが管理できる6要素

「グリーンキーピング」に関する考え方を整理し、特に毎日のコース管理業務を科学的に見直すために、最初に「グリーンキーピング」の本質に関わる用語を解説していく。手短な解説となるが、それを通じて、何がグリーンキーピングをかくも特殊な専門職にしているのかについて考えてもらいたい。

そもそも「グリーンキーピング」は、農学（アグロノミー：商品作物学と訳す場合もある）とは全く別の分野であって、これら2つの用語が同時に使われるような場面などめったにあるものではない。

一部地域を除いて、日本の気候は概して寒地型洋芝に向いていない。そういう場所であえて芝を育てようとするなら、施肥も水も農薬も、細部まできちんと管理することが重要だ。しかしその前に、まず自分たちの仕事を正しい言葉で語ろうではないか。アグロノミー（農学・作物栽培学）という言葉をやめよう。アグロノミーとは農作物生産のための学問である。グリーンキーピングはゴルフのプレー面を作る仕事である。アグロノミーは、作物生産において資源の投入とそこから見込まれる収穫をバランスさせ、経済的収益を最大にするための科学であり、農業そのものである。スポーツターフ作りとは何の関係もないし、ましてゴルフという特定のスポーツのためのプレー面作りにはもちろん関わりがない。

ゴルフという特定のスポーツに適した競技面を作るために、芝草を生育させている自然の環境を改変していくのがグリーンキーピングだ。植物が生育する自然の環境条件とグリーンキーピングの本質を考え合わせると、グリーンキーピングには6つの基本要素しかないことが分かる。特定の目的のためにグリーンキーパーが改変可能な自然環境の要素と言ってもよいだろう。アグロノミーにおいては、それが経済収益、すなわち収量の最大化に向けられるが、グリーンキーピングではプレー面こそが目的である。

さて、6つの基本要素だが、これらはいずれもキーパーが管理できるものである。つまり、「光」「空気」「水」「肥料」「病虫害管理」、そして「刈込」。ゴルフ場で行うどのような管理作業も、必ずこのどれかに関わるはずだ。芝草は生長しようとする本能を持っており、その生長環境を変えることによって良いプレー面を作るのがグリーンキーパーの仕事だ。刈込、目砂、コアリング、散水、施肥といった手段を通じてこちらの思い通りの面を作る。もちろん、これら6つの要素は相互に関連しており、優秀なグリーンキーパーはそれらの関連をよく理解している。科学的な裏づけとともに新しい発想から見た管理アプローチをこれからじっくりと述べる予定だが、まず、これら各要素の重要性を確認しておきたい。

光　日照はコントロールできない？

まず、光である。光は光合成にとって不可欠の要素であり、グリーンキーパーは芝草が利用できる光の量を様々な方法で改変する。葉の表面積を変えることにより、芝草が吸収する光の量をコントロールする。刈高、刈込の頻度、バーチカット、目砂、施肥、そしてプリモマックスのような成長抑制剤の使用もすべて、植物が光を利用するために必要な葉の表面積に影響を与えている。たとえば、樹木のせいで日照不足なのに伐採は絶対に許可してもらえないという問題がある。しかし、この場合、木陰に目を向けるのでなく、葉の表面積を増やすことに目を向ければ、別の解決方法が見えてくる。

空気　地中の空気こそ管理の要

空気も、芝草の生育にとって不可欠である。地上部の空気と地中の空気の両方が必要である。光合成に必要な二酸化炭素は、空気中から葉が取込む必要があるが、地上部に関しては、洪水など特殊な条件を除けば、空気が問題になることはない。グリーンに送風機を設置するのは空気の供給が目的ではなく、温度と湿度の管理が主目的である。グリーンキーパーの腕が本当に試されるのは、地中の空気の管理だ。植物は自分が蓄えた炭水化物を利用する際に呼吸をするので、根の活動には酸素が必要だ。地中に水が多すぎる、あるいは酸素が少なすぎると、早晩その影響は根の生長に現れ、ターフクオリティに影響する。ご存知のとおり、土壌の理想的な組成率は固相50％に対して空隙50％であり、空隙のうち液相が25％、気相25％である。コアリング、目砂、サッチ除去、排水工事、散水管理、これらはみな気相管理作業という側面を持っている。気相をコントロールすることで、良いターフが育つ環境づくりができるのである。

水　理想の水分含有率は?

水は、言うまでもなくグリーンキーパーが改変できる要素である。あまりに当たり前だが、だからこそ敢えて言わせてもらいたい。砂漠、すなわち水が全く存在しない環境下では芝草は育たない。水中、すなわち水含有率１００％でも育たない。芝はほどほどの水分を含む土壌でよく育つ。では、ゴルフ場のような土壌における理想的な水分含有量は?

答えは体積比で10～25％である。25％を超えると土壌中の空気が不足し、また、面が軟らかくなるといった問題が起こってくる。10％未満では踏圧に耐えられなくなって生長がストップする。腕のよいグリーンキーパーは、土壌中の水分含有量を10～25％の間で管理している。

施肥　本当に不足している？

施肥はどうだろう？　芝草には適正な量の肥料が必要である。芝草は細い根をびっしりと生育させて、広範囲の土壌から必要な養分を吸い上げる能力を持っている。土壌中に栄養分がたっぷりとある時に、施肥をしても生長は促進されない。土壌分析や葉身分析をすれば、科学的に根拠のある栄養管理を実現することができる。芝草の体内に大量に存在する元素はチッソだが、その量は乾燥重量にして全体の4～5％である。多くの場合、チッソの単体投与のみで素晴らしいターフ作りができる。なぜならば、その他の栄養素が土壌中に十分存在することがそう珍しいことではないからだ。

病虫害　健康な芝は病気にならない？

よいターフ管理を実現できているゴルフ場では、雑草は大きな問題にならないだろう。健全な芝草は雑草の侵入を許さない。一方、管理が完璧であっても、病虫害は大問題になる可能性がある。だからこそ、自分が管理している芝に関する病害と害虫については、きちんとした管理プログラムを持っているか、認識しておく必要がある。

刈込　グリーンキーピングの本質

刈込こそ、芝草と馬草を分ける本質的な要素と言える。適切な刈高、調整された刈込機械、そして適切な刈込頻度。良いプレー面を作ろうとするならば、この3つの重要性はどんなに強調しても強調しすぎることはない。刈込こそ、グリーンキーパーが行う環境改変の最たるものだろう。

順に見てきたが、以上の6要素がすべて相互に関連し合っていることの認識が重要だ。とは言え、結局はわずか6つの要素に過ぎない。原則はシンプルなのである。

芝草はなぜ青い？

Why is Grass Green?

グリーンキーパーにとって一番大切なことは、やはり芝草のコンディション。観察によって得られる情報は重要だ。なかでも、「色」の変化は、熟練をそれほど必要としない。色とは、すなわち光である。芝草の生長を考える上で、光の重要性はどんなに強調しても、しすぎることはない。科学的な観点でみれば、グリーンキーパーの仕事の多くは、ターフの上面から芝草が吸収する光の管理に関連しているとも言える。

そこで、まず、芝草がなぜ緑色をしているのかという素朴な疑問から出発して、芝草が吸収する光を意識したコース管理を考えてみよう。

太陽光は、いろいろな波長によって構成されるエネルギー波である。波長が400～700nm（ナノメートル：mのマイナス9乗）の光は、可視光、すなわち肉眼で見ることができる光であると同時に、「光合成有効放射」、すなわち植物が光合成に利用する光でもある。波長が300nm未満の光は「紫外線」、700nm超の光は「赤外線」である。植物が持っている葉緑素の分子は光合成有効放射を選択的に吸収するが、すべての波長をまんべんなく吸収するのではなく、500～600nmの光はあまり吸収しない。この波長帯の光は多くが葉の表面で反射されるのである。

500～600nmの光は、われわれが緑色と呼ぶ光である。6月の陽光に輝くベントグリーンの美しいエメラルド色は、実は、光合成に使われずに反射されている光なのである。その他の可視光の多くが葉に吸収される結果として、ベントグラスは赤や青ではなく、緑色に見えるのだ！

前の項目で述べた通り、グリーンキーピングは6つの要素が柱となっている。多種多様な作業を通じて、これらの要素をコントロールすることにより、優秀なキーパーは素晴らしいプレー面を作る。ただし、天候はコントロールできない要素である。天候をコントロールできないからこそ、ターフに到達した光は確実にコントロールしなければいけないと思う。

以下では、光合成に大きな影響を与える4つの管理について述べる。

バーチカットと目砂そして、チッソ施肥

1つ目の注意点。これは経験を積んだグリーンキーパーにとっては当然のことだが、バーチカットや目砂散布は、ターフが利用できる光の量や、ターフに到達する光の量に大きな影響を与える。バーチカットは、結果として、大量の葉を除去する作業であり、そのために、芝草の光合成能力を大きく低下させる。一方、目砂の散布は、全部の砂を葉の下まで完全に落とし込むくらいに薄く撒かない限り、多少とも日陰を作る作業であり、葉に到達する光の量を低下させる。曇天が予想される時、何らかの事情で日照が少ない状態が続く時、あるいは低温や高温のために光合成が低下している時、バーチカットや目砂によって光合成を更に低下させるようなことをしてはいけない。常識といえば常識だが、残念ながらこういう事態は起こる。そして、管理作業によるダメージからターフが十分に回復できていないところに、苔や藻類が侵入してくる。

2つ目の注意点は、チッソの投与量である。チッソは光合成に深い関わりを持つルビスコ酵素の主要な構成元素として、不可欠な栄養素である。ルビスコは光合成の第1段階において、CO_2固定の触媒として働く重要な物質である。クリーピングベントグラスのようなC3植物にあっては、葉身に含まれるチッソの25%がルビスコに存在する。チッソが欠乏すると、葉身内のルビスコの量が減少して光合成を効率よく行えなくなり、植物体内の炭素バランスがマイナスになる危険が出てくる。すなわち、植物が光合成によって生産する炭水化物の量よりも、呼吸のために消費する炭水

化物の方が多くなってしまい、芝草は弱体化し、根が短くなる。これもまた、苔や藻類を侵入しやすくするし、踏圧やボールマークや病害、その他のストレスからの回復を遅らせする。適量のチッソがあって、初めて光合成を効率よく行うことができるのである。

成長抑制剤の使用に刈高・刈込回数の調整

光に対する芝草の反応をコントロールするもう1つの手段として、ジベレリンの生合成を制限する成長抑制剤の使用がある。トリネキサパックエチルが低日照条件下でのターフのクオリティを向上させることは、様々な実験によって何度も確認されている。したがって、樹木や建物の陰になるような場所はもちろん、原因が何であれ、日照条件に恵まれない時には、トリネキサパックエチルで処理すれば、株当たりの葉数が増え、色がよくなり、密度が向上し、細胞壁が強化され、その他様々な効果を期待することができる。日陰や曇天だけではない。刈込もまた、芝草への光を制限する要素である。刈込によって葉の面積が小さくなる。特にグリーンではそうである。グリーンに十分に日照があっても、葉の面積が小さいということは、実は日照を厳しく制限されていることになる。だから、低刈で管理しているグリーンでは、トリネキサパックエチルを使用することによって株当たりの葉数を増やして、光の吸収を改善することが期待できるのである。

そのように考えてくると、グリーンキーパーがターフへの日照をコントロールする4番目の方法、そしてもっとも重要な要素は、刈高と刈込回数に対するコントロールであろう。刈高について言えば、一般にはやや高めの刈高で管理されているグリーンの方が元気である。回数については、ローラーを使ってグリーンの速度を一定に維持することが可能だ。これは常識化しているし、また実際に効果もある。米国のゴルフ場では、グリーンの刈込を時々休んで、代わりに転圧を行うところが多い。この方法は他にも利点が多く、ダラースポットの低減にもなる（何故かは分からないが！）。葉の面積が増えるので光合成が増加して炭水化物の生産が増え、より速い、コンスタントなグリーンになり、作業時間の節約にもなる（手押しのモアを使用して、4人で刈込む代わりにローラー2台を使うという試算）。

日本では多くのゴルフ場が「カニ」ローラーを持っているのに、それをめったに使わないのには驚かされる。ローラーは非常に役に立つ管理ツールである。毎日使う必要はないが、パッティング面を整え、ターフのクオリティを上げるのに大いに役立つはずだ。芝草が強いストレスを受けている時には、刈込よりも転圧を行う方がよい。芝草の体力を温存しつつ、良好なパット面を維持することができる。

今がことさらに日照を心配する時季ではなければよいが、芝草が旺盛な生長を見せる時季には、バーチカットや目砂、チッソ施肥、成長抑制剤の使用、刈高、そして転圧をどうするのか、もう1度、じっくり考えてみてはどうだろう。芝草は、緑色に見える波長の光をしっかり反射しての緑色である。

ターフ管理のための5つの数値

かつてＵＳＧＡグリーンセクションレコードに「数値で管理するエアレーション」（Core Aeration By The Numbers）という記事が掲載された。大変よく書かれた記事であった。コアリングによってできる孔の面積をまず数値で正確に把握し、それを元にしてエアレーションを計画することがどれほど役に立つのか。つまり、営業面への影響を最小限に抑えつつ芝の生長に最大の効果をあげることができるのかを、丁寧に説明していた。

ご存じの通り、ゴルフ場のターフ管理は「レシピ」通りにやればよいというものではない。10分間の散水、肥料3袋、刈高3・8㎜にセットしたモア、1㎥の砂といった数値を正確に作業に生かせば、トーナメント仕様のコースができるはずもなく、こういった数値よりもはるかに多くの知識が要求される高度な管理作業である。

そうは言っても、〝数値〟は非常に重要で無視することのできないものである。この項ではコース管理においてグリーンキーパーが熟知しておくべき数値のいくつかを紹介したい。これらの数値は、とりあえずスタートラインに立つという意味で、また管理作業の調整の基準として役に立つし、経費削減にも貢献するはずである。そして、〝数字〟ではなく、単位のついた〝数値〟としての意味を知ってもらいたい。

8・5フィート

グリーンキーパーならば、必ずスティンプメーターを持っていると思う。では、自分のコースのグリーンの平均スピードを知っているだろうか？　もちろん、グリーンで重要なのはスピードではなく、芝草の健康度であり、芝草を健康に生育させることがコース管理者の仕事である。だが、健康な芝草を育てることができれば、滑らかで速いグリーンを作ることができるのも、事実である。米国北東部で行われた調査によれば、寒地型芝草のグリーンにおける平均速度は8・5フィートであった。そこで、もしグリーンの速度がこれよりも遅くなった場合には、芝草の健康度をアップするという見地から、何らかの方策を考えるべきかもしれない。もとより、ベストのグリーンスピードというものはゴルフ場により、客層により、グリーンの傾斜により、また季節によって異なるものである。しかし、まずは自分のコースの基準値を作ることが必要である。「8・5フィート」という数値は、その意味で価値がある。これ以上ならば、とりあえずは安心できるだろう。

10％

素晴らしいグリーンを維持するためには、コアリングによって、毎年その面積の20％の表土を入れ替える必要があると言われている。現実面から考えると、20％は非常に難しい数値と言わざるを得ないが、良好なグリーン作りを考えるなら、少なくとも10％は達成したい。10％は、言い訳無用で絶対に達成すべき数値である。コアリングはサンドグリーンの土壌表層の有機物を除去する重要な作業である。もし、何らかの理由で過去に有機物除去を十分に行っていなかった場合は、10％では足らず、より多くのコア抜きが必要になる。グリーン面積の何％に孔が空くのか？　これを計算せずにコアリングをしてはいけない。プレーへの影響を最小限にできるようなコアリング計画を立てるためにも必須事項である。結果的に、孔と孔の間隔をかなり狭めたコアリングが必要となってくるはずだ。5～7㎝間隔での孔空けでは、プレー面を大きく損なうにもかかわらず、有機物の除去量はごくわずかなものにしかならない。

12㎜

グリーンに投入している目砂の量をきちんと把握しているだろうか？　筆者が推奨する基準値（最小値）は年間12㎜（㎡当たり散布量として乾燥砂12ℓ）である。サンドグリーンへの目砂散布の目的の1つは、コアリングと同様に有機物管理にある。砂を投入することにより、有機物の割合を小さくし、気相を増やし、より好ましい生育環境にする。フェアウェイでもアプローチでもグリーン周りでも、ドラマチックな改善をしたいのならば、12㎜の目砂散布（とコアリング）を毎年行うこと（もちろん、1度に全量を投下するのではなく、薄撒きを何度も繰り返さなければいけないのだが）。まず、芝草の健康度が上がる。そしてコースコンディションが上がる。プレー中にボールに泥がつくことがなくなる。チップショットのバウンドが一定になる。フェアな条件となり、当然、プレーヤーには喜ばれる。管理作業上でも、表面がしっかりするので、刈込がきれいにできるようになる。まず1つのホールで、あるいは1カ所のアプローチでもよいから、やってみることだ。必ず良い結果が出るだろう。

15ℓ

植物が利用できる水を、グリーン1㎡の表層10㎝にどれだけ保持することができるのか。およそ15ℓが、その目安である。これは十分な降雨、または散水後の数値であって、その後に晴天が続くと、元気な植物は1日につき5ℓの割合でこの水を消費する。自コースのグリーンに水がどれだけ存在しているのか？　現時点の水量がどれだけあって、それがどこまで減ったら散水するのか？　これらの数値は絶対に知っておくべきものである！　USGAのアグロノミストであるスタンレー・ゾンテクは、38年間で数千コースを観てきた経験から、水についてこんなことを言っている。「水の遣り過ぎは、水不足以上に急速に芝草を枯らすし、プレーイングコンディションを悪くする。（中略）水もポンプを動かす電気代も高価な資源である」。グリーンにどれだけの水（水分）があるのかをしっかり把握して、無駄な水を撒かないようにすることが重要である。

3g

十分に定着し、土壌中の有機物もほどほどになったグリーンにおいて、天候条件などが恵まれている場合、チッソの施肥量の目安は1㎡当たり1カ月に3gである。これを基準として、生育が早すぎるなら減らし、遅すぎる場合には増やす。事前に土壌分析を実施して、その他の栄養素については不足がないことを確認しておく。数ある栄養素の中で芝草の生長を決定づけるのはチッソであることを忘れてはいけない。そして施肥計画を立てるにあたっては、「1㎡当たり3g」ということの数値が、よいベースとなることは間違いない。

以上、いくつかの数値を挙げてきたが、これらを基準として増減調整を行い、自分のコースにとってベストの数値を見つけ出して欲しい。基準を持つことで、コースコンディションも芝草の健康度も向上するはずである。芝草の生長や健康について多くを語ると、「自分はゴルフ場の管理をしているのであって芝草畑を作っているのではない」と考える読者もいるかもしれない。確かに、その通りである。しかし、芝草の健康が土台であることは間違いないのだ。フェアウェイでのバウンドであれ、グリーン上での転がりであれ、ラフに飛んだ時であれ、キーパーの仕事はボールを受け止める芝草と、その下の土壌を管理することである。そして、芝草が健康である方がプレー面を作るのはずっと容易である。芝が健康であれば、低刈りでスムーズな速いグリーンを作ることができる。根が深いから散水量を減らすことができ、グリーンもフェアウェイも表面がしっかりする。

また、芝草の生長や健康を語る最大の理由はもう1つの数値、**【1・68インチ】**のためである。グリーンキーパーの仕事は、直径1・68インチの球体、つまりゴルフボールのための〝良い〟表面を作ることである。

最後に付け加えたい数値は**【2】**である。お客であるゴルファーの2つの眼にどんな印象が残るのか。それが最終的な結論だろう。きれいな緑は見ていて気持ちがよい。健康な芝草は管理しやすく、プレー面を作りやすく、目にも美しい。

暑い夏から学ぶこと

One Good Thing About the Summer

寒地型芝草を管理するグリーンキーパーにとって、夏はもっとも厳しい季節である。強烈な日差し、耐え難い湿度、そして雨は（降ればの話だが）申し合わせたように最悪の降り方をする。

以前、全英オープンの準備のためにスコットランドに滞在した折、非常に興味深い本に出会った。スコットランドのグリーンキーパーが書いた「ゴルフ場グリーンキーピングの実際（Practical Golf Greenkeeping〔W.K. Gault, 1912〕）という本である。出版されたのは100年以上前である。しかし、その端書き部分を読んでみると、今日のグリーンキーパーに全くそのまま当てはまることが書かれている。

「自分としては（中略）、どんなグリーンキーパーでも何かを学べる最高の授業は悪条件であると思う。悪条件下でのターフ管理をまったく経験しないで、ターフ管理の本当の科学など学べるものではないと思う。どんなトラブルであれ、それを乗り越えることが、まさに実地試験なのだ」

寒地型芝草の夏越しは非常に難しい。筆者もそれを経験している。が、1つよいことがある。それは、夏は自分の手法やアイデアが上手く機能するかどうかを実際に試す、1年に1回きりのチャンスということである。夏のコンディションは極めて厳しいから、グリーンキーパーなら必ず何かのトラブルを体験するものである。そして、それこそがトラブルの防止や克服のための学びを生むのである。

筆者はグリーンキーパーとして上海で3回の夏を経験した。筆者の印象では、上海の夏は日本のほとんどの地域よりも少し厳しいと思う。日本でも1年間キーパーとしての仕事を経験し、悪条件下でどのように管理すべきなのかを大いに学んだ。この厳しい夏を毎年経験している日本のキーパーは、そのおかげで多くのことを知っているはずだ。

ここからの話は、ベントグリーンに限ってのこととしたい。以下に述べるのは、キーパーとして、あるいは大学や研究所で学んだことであり、もし自分がもう1度日本でキーパーをするならばこうするだろう、という内容である。

目標はストレス軽減

夏の間の管理目標は芝草のストレス軽減とする。ベントグラスは地温が22℃を超えるとストレスを受けるようになり、夜間の気温が25℃から下がらないと深刻なストレスを受けるようになる。重要指標となるのは地温と夜間の気温である。これらに比べると日中の気温はさほど重要でない（昼間の気温が40℃を超えるパームスプリングスやフェニックスですら、ベントグラスが生育できることを思い出して欲しい）。

最重要手段は土壌水分管理

芝草のストレスを軽減するためには、土壌水分を最適値に維持することが決定的に重要である。水分が多すぎると土壌中の空気が少なくなって酸欠状態となり、呼吸の低下や停止が起こってしまう。少なすぎると干魃ストレスで光合成の低下や停止が起こってしまう。土壌水分管理の重要性は、どれくらい強調したら十分なのか分からないくらいに重要である。ベントグラスという草は、高温ストレスがなければ土壌水分条件がかなり悪くても大丈夫だが、高温ストレスの下では、土壌水分を最適範囲内に正確に維持しなければならない。筆者は、この範囲を10～25％（体積百分率）としており、この数値はほとんどの土壌について当てはまる。自コースのグリーンの土壌水分含有率を

■図1-1
ベントに危険な時季

	1月	2月	3月	4月	5月	6月	7月	8月	9月	10月	11月	12月
札幌								■				
仙台							■	■				
新潟							■	■	■			
東京							■	■	■			
名古屋						■	■	■	■			
大阪						■	■	■	■			
広島						■	■	■	■			
高松						■	■	■	■			
福岡						■	■	■	■			
鹿児島						■	■	■	■			
那覇					■	■	■	■	■	■		

地温が22℃よりも下がらない状態が続くと、ベントグラスは大きなストレスを受ける。図は日本各地でこの状態が発生する時季

把握していないということは、芝草が何らかの水分ストレスを受けているのを知らずにいる可能性が高いということである。

刈高を上げる

刈高をできる限り高くし、刈込回数をできる限り減らす。刈込をたった1日休んだだけでベントグラスが生き生きとするのに気づいたことはないだろうか？　高温ストレス下における刈込は大変なストレスとなる。夏の間は、ほんのわずかでも刈高を上げることは大きな救いとなるのだ。同様に、刈込回数をほんのわずかでも減らすことは、これもまた大きな救いとなる。グリーン面の滑らかさと速度はローラー（転圧）で維持する。

地温の監視と予防防除

地温が22℃を超えたら、病害防除を予防散布によって行う。筆者は、グリーンキーパー時代にベントグリーンの病害に悩まされた経験がない。上海で管理していたコースはグリーンの他に、ティグラウンド、フェアウェイ、そしてラフまでが寒地型の草種で占められており、いろいろな病害を体験した。だが、その多くはラフであり、時にフェアウェイでの発生であった。グリーンでほとんど病害を出さずに済んだのは、ストレス時期に予防散布による防除をしたおかげである。日本を含めたアジア各地で感じるのは、グリーンの病害が思ったよりも多いことだ。病害はいろいろな原因で発生するが、一般的には殺菌剤を効果的に使っていないことが理由だと思われる。剤の選択、投下水量、水滴の大きさなどが不適切だと殺菌剤の効果が出ない。殺菌剤を適切に使っているベントグリーンで深刻な病害は見たことがない。

夏越しは1年がかりのイベント

秋と冬と春の9カ月を使って、夏の3カ月を乗り切る準備を行う。夏を迎えた時に、土壌中の有機物が最低レベルになっているように、そして気相の割合が適切になっているように管理を進めることが極めて重要である。夏の高温ストレス時期に有機物除去（コアリングやバーチカット）を行えば、ベントグラスは破壊的なダメージを受けてしまう。これらの作業は、芝草のストレスが少ない9カ月のうちに行わなければならない。古いグリーンと新しく造ったグリーンを比べると、明らかに新しいグリーンに勢いがあるのをご存知だろう。この違いの基本的な原因は気相の差である。新しいグリーンの方が気相率が高いのだ。そして、古いグリーンで気相率が下がる原因は有機物の蓄積である。コアリングの孔を砂で埋めること、そして定期的な目砂散布を行うことは、土壌の気相率を維持するために不可欠の手段である。年間の目砂散布の目標値は0・015㎥／㎡（15ℓ／㎡）程度としたいものである。

飢え死にさせるな

気温が高いからといってチッソ投与を止めてはいけない。高温ストレス下にあっても、少しずつ生長を続けさせなければいけない。ゼロ生長では芝草は死んでしまう。もちろん、高温期には量を減らさなければならないが、ゼロにすることはできない。芝草にも何らかの栄養が必要なのだ。そしてチッソ以外にも、クリーピングベントグラスのストレス耐性を向上させることが科学的に証明されている物質がある。もっとも効果を期待できるのは、トリネキサパックエチル（プリモマックス）とサイトカイニンであろう。サイトカイニンは植物ホルモンの一種であり、通常は海草エキスのような液剤として販売されている。夏から初秋にかけて、これらの製品を与えることは、ベントグラスのストレス耐性を高めることに繋がる。ストレス期を通じての投与（他の管理をきちんとした上で）も、クオリティのアップに寄与するはずだ。

そしてもし夏が終わったとしても、ただ胸をなでおろすのではなく、ひと夏の悪条件から自分は何を学んだのかを確認し、その後の9カ月を見直し、次の夏に何をするのかを考えようではないか。

コース管理の根本

The Foundation for a System of Golf Course Maintenance

本書の冒頭に「6つの基本要素」について述べた。しかし、これよりもさらにシンプルな基本的原理と目標がある。それは、「芝草の生長をコントロールすること」である。科学的に系統だったグリーンキーピングは、ここから始まるべきであろう。そしてそこに、個々のゴルフ場にあわせて管理作業が追加されていくものと考える。言い換えれば、グリーンキーパーの仕事は、こちらが望む通りの速度で芝草を生長させることに尽きると言ってもよいと思う。科学的側面から表現するならば、芝草の生長に現在影響を与えている要素を把握し、それをコントロールすることによって、その生長を自在に制御することであり、これこそがグリーンキーピングというものである。

芝草の生長（速度）はどのようなことに影響するのだろうか？　グリーンの速さ、ディボット跡の回復速度、芝の色、要水量、雑草の侵入、ボールのライ、パッティング面の硬さ、（すべてに当てはまるわけではないが）病害、サッチ生成、ターフの日陰耐性、藻類の侵入、刈込回数、日砂回数、低温耐性などなど、挙げればきりがない。キーパーの最重要任務は、それぞれの期間にもっとも望ましい芝草生長速度を決め、それを実現できる作業の組合わせを作成して実行することである。

では、芝草の生長速度は何に影響されているのだろうか？　多くの要素が影響するが、その主要なものはグリーンキーピングの「6要素」である。通常の条件下では、このうち最大のものがチッソと温度である。この2つ以外の条件がすべて通常（過不足のない）状態であるとしよう。たとえば、日照に問題なく、散水量が適量であり、土壌中の酸素量も十分である場合は、その芝草の生長速度は気温とチッソ供給量との「関数」として表すことができる。チッソの重要性をあえて強調しておきたいのは、チッソこそキーパーが容易にコントロールできる因子であるからだ。他の因子、たとえば天候は、悪天候を予測してそれに備えることはできても、最終的には自然の営みがもたらす結果を受入れるしかない。

したがって、チッソの役割はキーパーがコントロールできるという点で、また芝草の生長速度の大部分を支配している栄養素であるという点で極めて重要であり、これをグリーンキーピングのエッセンスと考えてよい。米国ウィスコンシン州立大学の2人の学者（カッソーとホーリハン）が、チッソに対するクリーピングベントグラスの反応を観察した記録がある。これを34ページの図1-2にまとめた。図からすぐに分かる通り、㎡当たりの毎月のチッソ投与量を増やしていくとベントグラスの生長速度は上がり、投与量が18gを超えても、まだ速くなる。「芝草の生長をコントロールする」とは、正にこのことである。キーパーは、ベントグラスの「食欲」をはるかに下まわる、わずかばかりのチッソを与えることでグリーンをキープしている。僅かでもチッソを増やせば、芝草はその分だけ速く（多く）生長する。僅かでも減らせば、その分だけ遅く（少なく）生長する。

図1‐2はチッソの投与量と芝の生長量の関係を示したグラフだが、ここから以下の3つのことを一般論として導き出すことができるだろう。

①ゴルフ場のグリーンは常時チッソ不足の状態に維持されている。

②芝草は常時飢餓状態にあり、チッソは生長を左右する基本栄養素だから、この状態ではチッソこそが生長をコントロールしているといえる。

③チッソが生長を制限している状態なのだから、チッソ投与は他の栄養素の吸収も制限している。

チッソ管理は、動かしようもないキーパーの重大任務の1つである。芝草の「生長能（growth potential)」をご存知だろうか。芝草の「生長能」とは平均気温を基にして芝草の生長速度を予測する理論であり、米国のペース芝生研究所（www.paceturf.org）が開発したものである。このモデルを使うと、暖地型や寒地型の芝草が、所定の平均気温において、どの程度の生長を示すのかを予測することができる。ペースモデルでは、寒地型の芝草は気温が20℃の時にその生長能力を100％発揮するとされている。気温が20℃より高くなっても低くなっても、生長の速度は遅くなる。

■図1-2

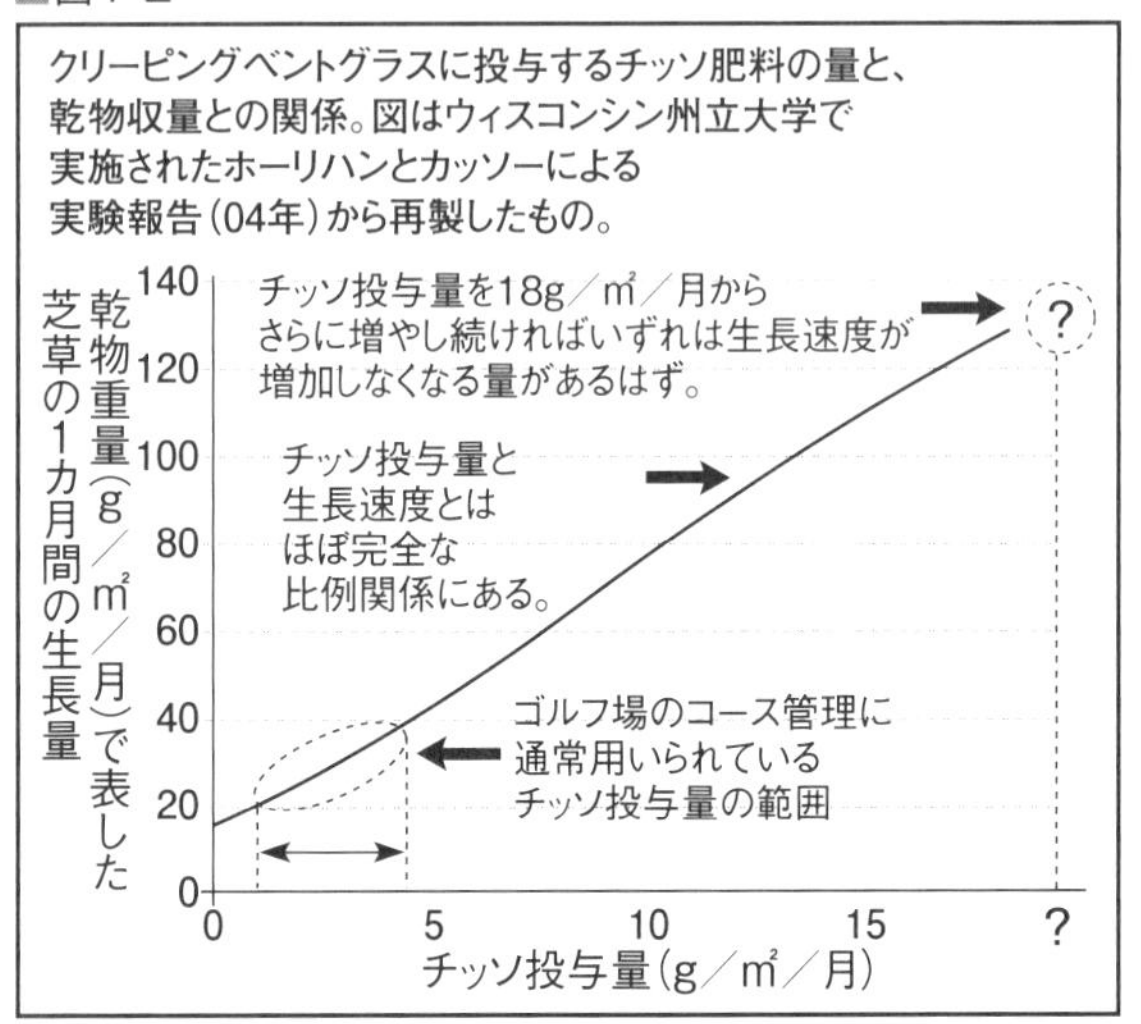
クリーピングベントグラスに投与するチッソ肥料の量と、
乾物収量との関係。図はウィスコンシン州立大学で
実施されたホーリハンとカッソーによる
実験報告(04年)から再製したもの。
芝草の1カ月間の生長量
乾物重量(g/m²/月)で表した
140
120
100
80
60
40
20
0
チッソ投与量を18g/m²/月から
さらに増やし続ければいずれは生長速度が
増加しなくなる量があるはず。
?
チッソ投与量と
生長速度とは
ほぼ完全な
比例関係にある。
ゴルフ場のコース管理に
通常用いられている
チッソ投与量の範囲
0
5
10
15
?
チッソ投与量(g/m²/月)

■図1-3

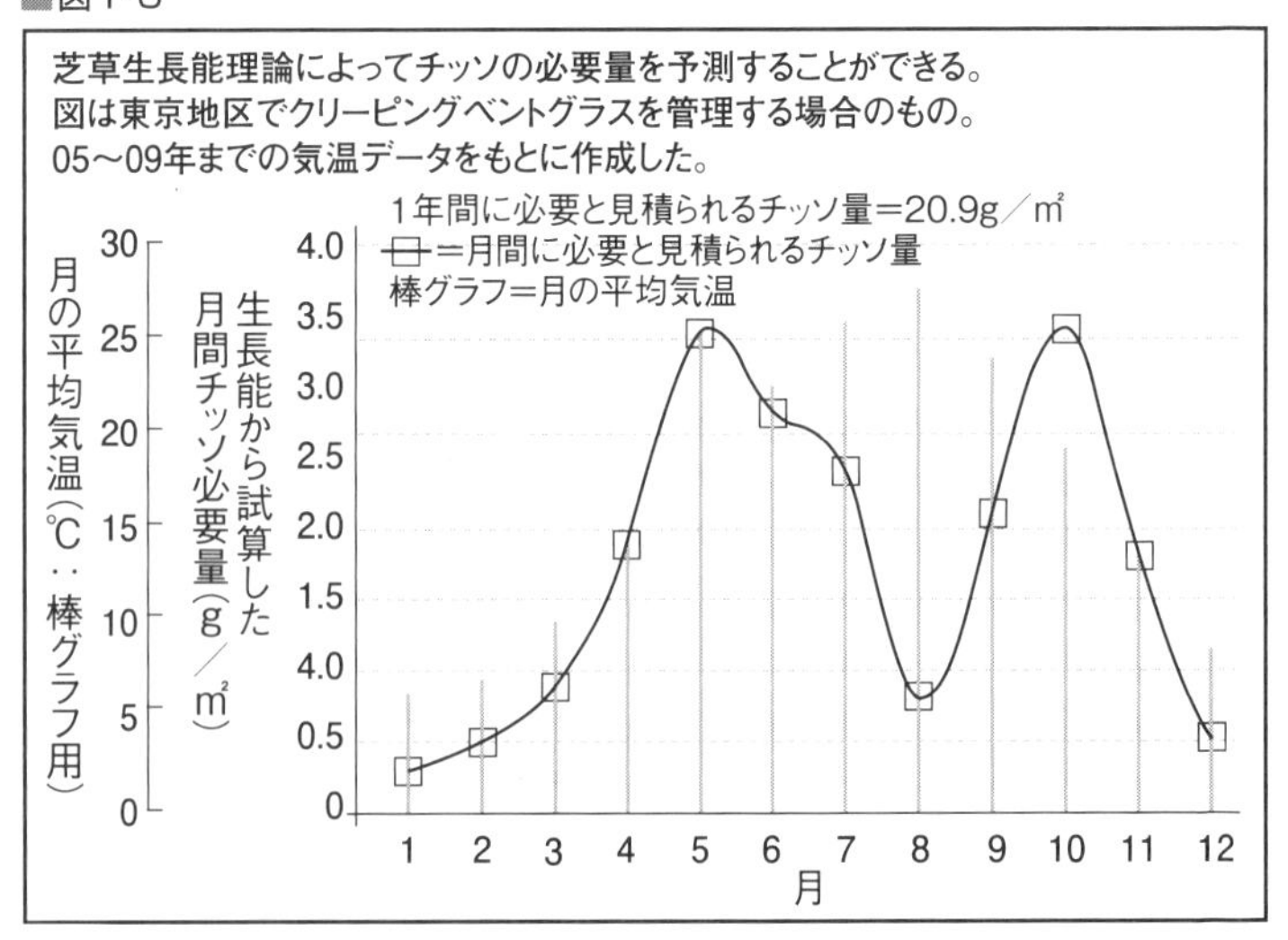
芝草生長能理論によってチッソの必要量を予測することができる。
図は東京地区でクリーピングベントグラスを管理する場合のもの。
05〜09年までの気温データをもとに作成した。
1年間に必要と見積られるチッソ量=20.9g/m²
□=月間に必要と見積られるチッソ量
棒グラフ=月の平均気温
月の平均気温(℃:棒グラフ用)
30
25
20
15
10
5
0
生長能から試算した
月間チッソ必要量(g/m²)
4.0
3.5
3.0
2.5
2.0
1.5
4.0
0.5
0
1
2
3
4
5
6
7
8
9
10
11
12
月

暖地型の芝草は気温が31℃の時にその生長能力を100%発揮し、平均気温がこれより高くなっても低くなっても、生長の速度は遅くなる。生長能は0〜1までの数値で表され、0は全く生長しないことを表し、1は最大速度での生長を意味する。

図1－2では、他の因子がすべて理想的な状態であった場合、芝草の生長はチッソ供給量によってのみ制限されるということを意味している。しかし実際には、気温が高すぎる時季も低すぎる時季もある。そこで、この生長能理論を使って、1年を通じた各時期の気温をベースに、チッソ要求量を試算してみよう。具体的には、まずクリーピングベントグラスを対象に、ひと月当たりのチッソの標準投与量を㎡当たり3・4gと設定する。生長能が1になる月の予想チッソ要求量は3・4gである（3・4×1）。生長能が0・74になる月の予想チッソ要求量は2・5gである（3・4×0・74）。そして当然ながら、生長能が0になる月の予想チッソ要求量は0gである（3・4×0）。

このようにして算出した東京地区での月別予想チッソ要求量を図1－3に示す（クリーピングベントグラスで月の標準投与量を3・4gとした場合）。図から分かる通り、チッソ要求量がもっとも高くなる月は、平均気温が20℃近辺にある春と秋である。最適生長のためには気温が高すぎる真夏、あるいは気温が低すぎる真冬には予想チッソ要求量は最低となる。この計算に使用した気温データは、05〜09年の東京のものである。

このモデルを使って年間の予想チッソ要求量を求めると、20・9gとなる。注意して欲しいのは、このモデルでは、土壌中の有機物の自然分解によるチッソ供給をまったく考慮していないことだ。

土壌有機物から放出されるチッソの量は、1%の含有量につき、年間4g/㎡といわれている。東京地区のゴルフ場グリーンの土壌有機物含有量は概ね1~2%だから、これらを考慮して年間のチッソ要求量を試算すべきであろう。

どのようなゴルフ場であれ、芝草の望ましい生長速度が分かり、天候データが入手でき、草種は自明で、土壌有機物は調べれば分かる。これらの情報から、かなり正確なチッソ要求量を、年間、月間、週間、そして日間で求めることが可能だ。芝草がチッソをどのように利用するのか、そしてそれが生長能とどのように関わるのか、それを知ることでコースのあらゆる部分に希望通りの生長を達成させることができるはずだ。そして、これこそがコース管理の本道である。

生長能(GP指数)の利用法

Practical Application of Turfgrass Science Principles

芝草の生長速度を自在にコントロールすることこそ、グリーンキーピングの根本である。そして、生長速度のコントロールにおいてチッソの果たす重要性を前項で述べた。今回はGP指数そのものをもう少し掘り下げ、GPによる予測の実際と、それに連動させての作業計画の組み立てについて述べることにする。39ページの図1-4を見て欲しい。これは、東京における過去5年間の月間平均気温をもとに導き出したクリーピングベントグラスのＧＰである。月の平均気温が20℃近辺の時に、ＧＰが最大になっていることが分かるだろう。すなわち、５月と10月には月の平均気温が20℃のごく近いところにあり、ＧＰの値が最も大きくなっている。

この図１‐４は気温20℃のラインを境界として、次のような見方をすることも可能である。すなわち、平均気温が20℃未満の月は「安全」期、平均気温が20℃を超える月は「危険」期とする見方である。これはこれで技術的には正しい解釈といえるが、ＧＰを実践的な管理に生かしていくという観点から、もう少し突っ込んで、12カ月を３つの時期に分けてみたい。すなわち、

カテゴリー１：ＧＰが０・66以上
カテゴリー２：ＧＰが０・66以下で気温が低い
カテゴリー３：ＧＰが０・66以下で気温が高い

である。この区分をどのように理解し、コース管理の作業計画の立案にどうやって利用していくことができるのだろうか？

その前に、ＧＰは世界中のどの場所でもその土地の気温をもとに算出が可能な数値であることを再確認しておきたい。ＧＰは気温から導き出される数値だから、どのゴルフ場でも自分たちのためのＧＰを調べて利用することが可能である。図１‐４に示したＧＰは東京の気温を基にした数値なので、たとえば、福岡や新潟や宮城ではそのまま利用することはできない。日本各地でそれぞれに気象や天候が異なるのだから、それぞれの場所のＧＰグラフも異なってくる。それを踏まえた上で、

図1・4に挙げた東京の例を用いて説明を続けることにする。

東京でカテゴリー1に属する月は、5月、6月、9月、10月の4カ月である。この時季、ベントグラスは自身のもつ生長力をほぼ最大限に発揮することができる（気温以外の諸要因に過不足がなければ）。したがって、この時季は芝草がダメージから回復するのも一番早いときなので、もっとも「きつい」サッチングやコアリングを行うのに理想的な時季である。この時季にベントグラスが枯れる心配はまずない。カテゴリー1の月は、「よい生長が期待できる」月である。

カテゴリー2に属する月は、東京では1月、2月、3月、4月と11月、12月の晩秋から春先にかけてである。この時季、ベントグラスは生長速度を落とす。特にGPが0・5以下となる時季は生長の鈍化が著しく、コース管理の立場からは踏圧によるダメージに気をつけたい。踏圧量が多いのに生長がそれに追いつかないと、ターフのクオリティが低下し、それが回復できずに進行する。カテゴリー2は「踏圧による危険に注意すべき」月であり、芝草の回復速度が遅いことを念頭におき、その自覚に立った集約的な管理作業を注意深く行うべき時季といえる。

カテゴリー3に属する月は、東京では7月、8月である。この時季、ベントグラスは生長速度を落とすが、それだけではない。生長の鈍化と同時に病害圧力が高まる時季であり、地温が上昇するので、それによるダメージの危険にも晒されるときである。カテゴリー3の月は、「高温ストレスの危険」時季である。最悪の場合には芝草を枯死させてしまう危険のある時季であって、カテゴリー1、およびカテゴリー2の時季の作業は、すべてこのカテゴリー3期への備えを充実させるべく

■図1-4

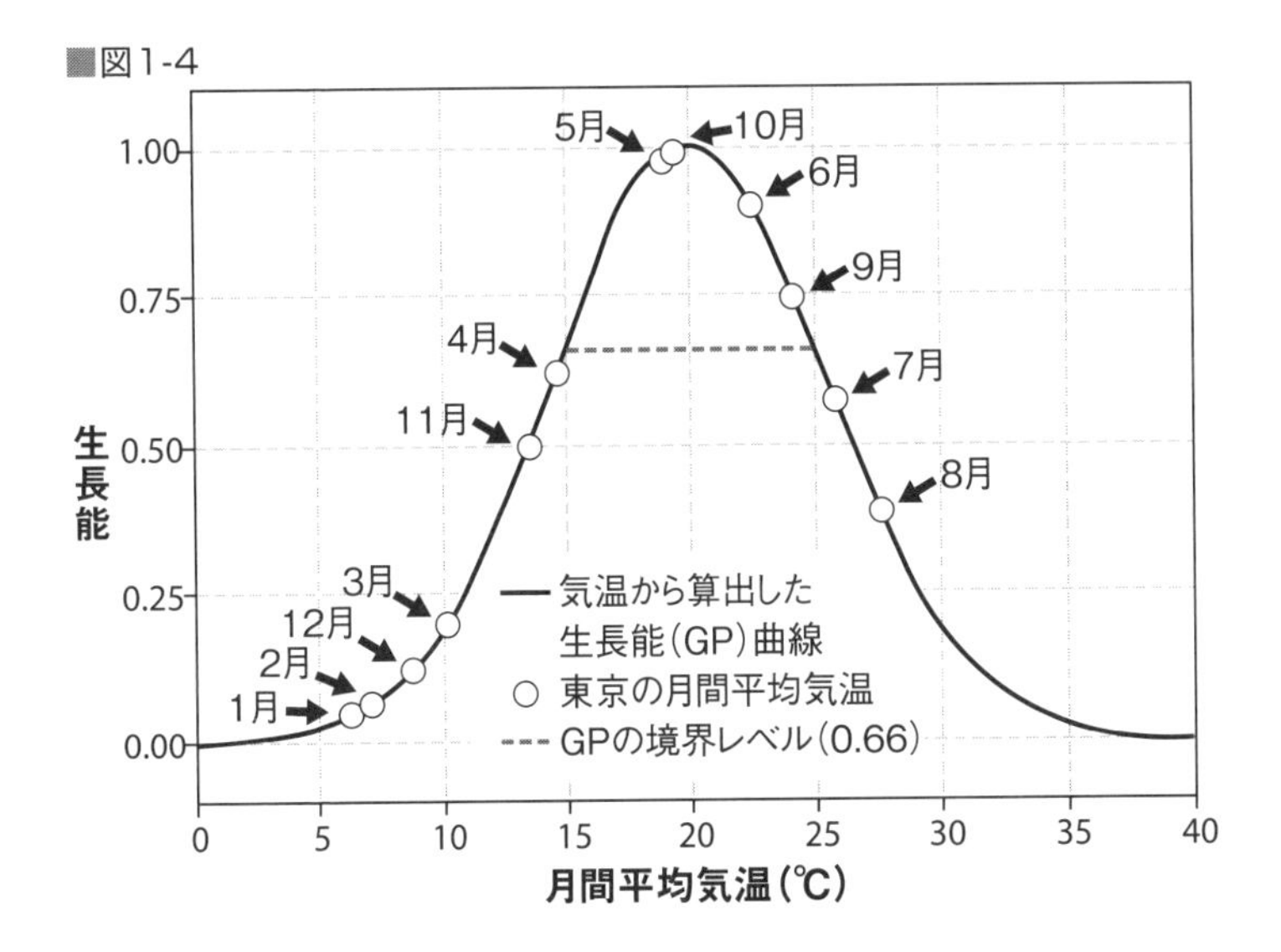

行われなければならない。わずかな管理ミスも許されない時季であり、ストレスを軽減させる何らかの策を実施しなければ、ベントグラスは確実に枯死する。

さて、GPを利用して生育月を3つのカテゴリーに区分できた。しかし、GPの利用方法はこれだけではない。GPは週間ベースでも、日間ベースでも計算できる数値である。東京では、6月後半や9月前半に、カテゴリー3に属する日になることがあるし、その状態が1週間続くこともある。そのような場合、グリーンキーパーはどうすべきだろうか？　また、ここまで述べてきた管理区分が何か役に立つだろうか？

立派に役に立つのである！

自分のコースのGPを把握できるグリーンキーパーは、カテゴリー2の時季に踏圧ダメージを最小限に抑制できるし、カテゴリー3の時季のストレスを最小限に抑制できる。

さて、芝草のストレスを最小限にするには、日照、空気、水、肥料、病虫害防除、刈込の6要素に戻る必要がある。これら6つのそれぞれについて、キーパーはどのような作業を、どのように実施するのかを決定する。そして、それによって日照や土壌水分や栄養レベルを、「可能な最適レベル」に維持してストレスを最小化するのである。GP理論は、いつ芝草がストレスを受けるのか、ターフ管理者がいつ対策をとるべきなのかを教えてくれる。天候はコントロールすることはできないが、芝草のストレスがもっとも小さくなるように土や草を管理することはできる。筆者がグリーンキーパーならば、自分のゴルフ場のGPを調べ、それを基にして、カテゴリー3の時季のストレスを最小化すべく、以下のような対策を考えるだろう。

① 葉の表面積を最大化する（それによって光の吸収能力を最大化する）。
具体的な対策：日陰を減らす、刈高を上げる、ストレス期に先立ってプリモマックス（トリネキサパックエチル）を投与する。

② ストレス期の土壌中に十分な気相を確保する。
具体的な対策：GPで予測されるストレス期に先立って、土壌中の有機物を確実に減らしておく。

③ 芝草が干魃ストレスにさらされないよう、そして同時に土壌中に十分な気相が確保されるように、土壌中の水分を正確に管理する。
具体的な数値：ほとんどのグリーンでは土壌水分を10～25％の範囲内に維持することで、この目的

を達成することができる。
④ 芝草への施肥を必要最適量に維持する。
⑤ 平均気温が20℃を超えたら、ベントグラスの病害予防措置として殺菌剤の散布を行う。
⑥ 刈込によるダメージを最小限にするために、モアの刃を鋭利に維持する。また、カテゴリー3の時季には、刈込機械の前ローラーは溝つきのローラーではなく、フル（スムース）ローラーを使用する。

自コースのGPを知り、芝草が天候にどのように反応するのかを理解し、GPに基づいて管理計画を立案実行する。こうすることで、どのようなコース管理計画も必ず何らかの精度の向上があると思う。チッソ管理計画やその他の重要作業の計画にもGPをツールとして利用することにより、コースにあった最高の管理プランを作ることができるはずである。

データ＋科学＋技術＝ベターコンディション

Data + Science + Technique = Better Grass Conditions

それぞれのグリーンキーパーが既に持っているテクニックに、もう少しだけ科学的な視点とデータによる裏づけを補強したら、必ず今よりも優れたコンディション作りが実現するだろうと心から思っている。この項では、チッソに関わる科学とデータとその利用テクニックを考えてみたい。

まず、ゴルフ場のターフ管理では、芝草が生産できるエネルギー（炭水化物）の量を管理者が制限しているという事実をきちんと認識しておいてほしい。制限の方法は刈込である。低く刈込まれた芝草は、そうでない芝草に比べての受光量が少なくなり、それだけ、光合成が制限される。このエネルギー生産能力の差は、たとえば根長に如実に現れる。高い刈高で管理されている芝草の方が根を深く生長させられる。刈高が低くなるほど、根長は短くなっていく。葉の面積が少なくなる分だけ光合成をする組織が少なくなり、炭水化物の生産が減り、根を広範囲に生長させることができなくなってしまうのだ。

刈込のために光合成が制限されてしまっても、芝草が生存し続けるために必要かつ十分な炭水化物を、残っている葉で確実に生産できるように最適な処置（最適化）を行うことが重要なのだ。ただし、ここで間違えてはいけない！　最適化にもっとも大切なものは何かということだ。マグネシウムが非常に重要な栄養素だという議論をよく聞く。マグネシウムを与えると葉緑素の量が増えて緑色が濃くなるとか、鉄を与えると葉緑素の量が増えて緑色が濃くなるとか、某微量栄養素と某微量栄養素を組み合わせると、光合成や各種の酵素反応を最適化するのに有益だといった議論を時々耳にする。こうした議論は、恐らくどれも正しいのだろう。だが、刈込によって芝草の葉面積を制限しているという前提に立って考えると、それよりもはるかに重要で、グリーンキーパーが軽視しがちなものがある。それがチッソである。

■図1-5

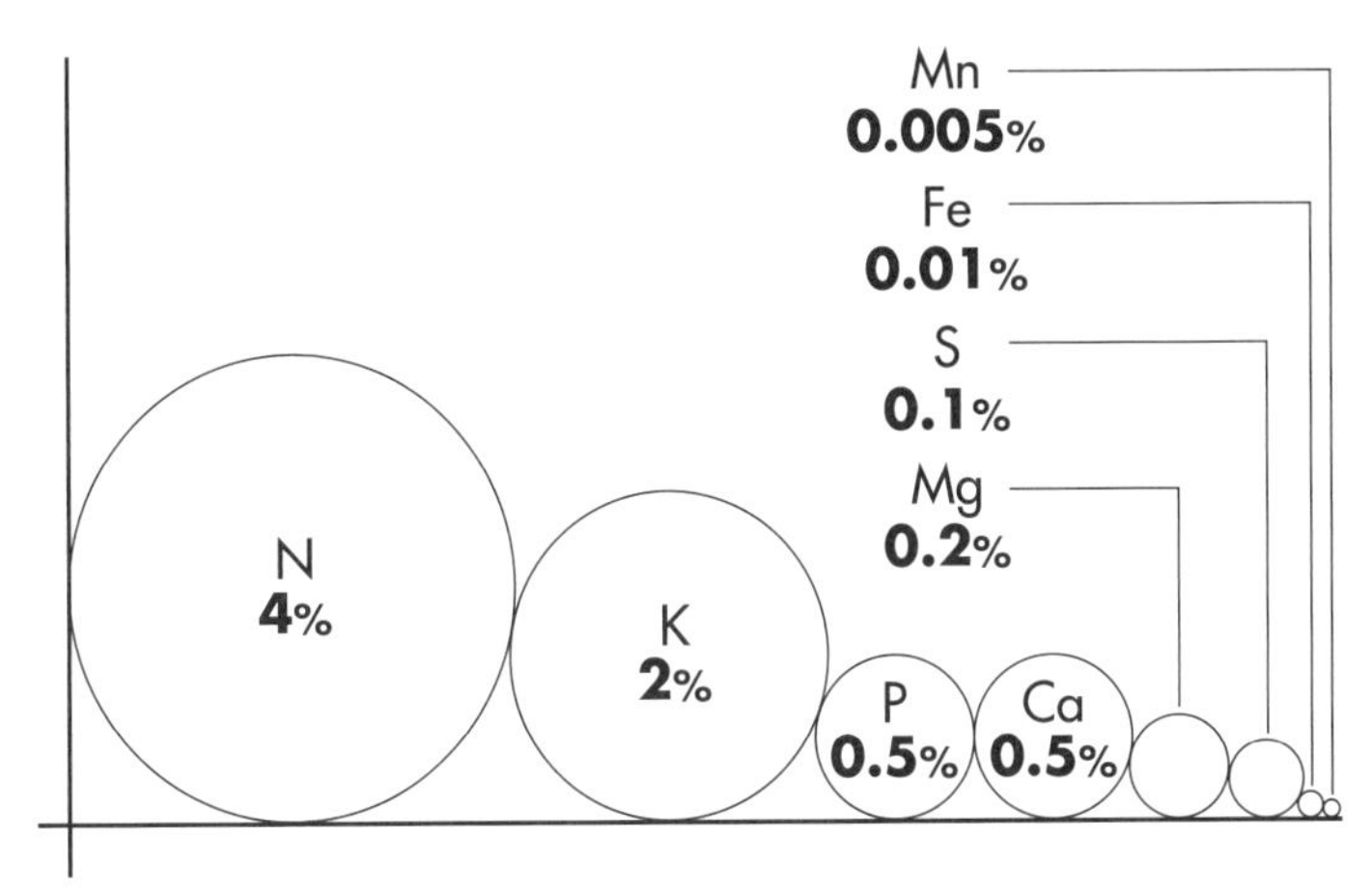

クリーピングベントグラスの葉身中（乾物）に含まれる各栄養素の割合を円の面積で比較したもの

もちろん、葉緑素1つひとつの分子は、その中心に1個のマグネシウム原子を持っている。が、そのマグネシウム原子を取囲む4個のチッソ原子が存在しなければ葉緑素を作ることはできない。そして、通常の土壌では、芝草が利用できるマグネシウムの量はチッソの10倍以上も存在する。通常の土壌1kg当たりに含まれるマグネシウムの量は50mg以上であるのに対して、同じ土壌1kg当たりに含まれるチッソの量は5mg程度しかない。だから、マグネシウムの欠乏によって葉緑素不足が起こることは考えにくく、葉緑素不足が起こるとしたらチッソ不足が原因になる可能性の方がずっと高いのである。また、光合成に重要な役割を果たしている酵素であるルビスコの存在を忘れてはいけない。ルビスコは大量のチッソを必要とする酵素である。C3芝草の場合、葉身に含まれるチッソのうち、25%はルビスコを構成している。ルビスコは、光合成の最初のステップである大気中の二酸化炭素の固定過程において、触媒として働く重要な酵素である。だから、光合成を最適化するとは、まさにチッソ投与量を最適化することに他ならない。

最適な量のチッソを与えることによって光合成が増加し、生産されるエネルギーが増加する。それによって根がより広範囲に生長し、結果としてマグネシウムや鉄などの微量栄養素の取込みも増加させることができ、その他のあらゆる生命作用が利益を受けるのだ。適切な量のチッソを与えれば、それ以外のほとんどの栄養素については芝草が自分で土壌中から摂取することができる。

次に、データを見てみよう。1袋20kg入りの尿素肥料（46-0-0）の価格が1600円であるとしよう。この場合、1g当たりのチッソの単価は0・17円である。㎡当たりの年間チッソ投与量を16gとすると、㎡当たりの年間のチッソ肥料コストは2・72円となる。さらにグリーンの総面積を1万5000㎡とすると、施肥を尿素肥料のみで㎡当たり16gの割合で実施した場合、年間の肥料コストは4万800円となる。恐らく読者の誰もが、これよりもはるかに高額な予算をグリーンの施肥に投じていることだろう。しかし、最低コストで管理するというのであれば、シーズン中の施肥を尿素水溶液とし、7～14日間隔での少量散布にしていくことは可能なのだ。もちろん実際には、若干量のカリを混合することになろう。カリはチッソに次いで芝草に不足しがちな栄養素である。ちなみに誤解を恐れずにいえば、ゴルフ場のサンドグリーン土壌も含めて、日本中のどこの土壌にも、リン、カルシウム、マグネシウムその他の栄養素は、芝草に必要十分な量が含まれている。だから、グリーンキーパーにとってもっとも重要な仕事は、適切な時期に適切な量のチッソを与えるということなのだ。プレーコンディションを維持しつつ光合成を最高にするというバランスを投与時期と投与量によって達成するのである。

チッソと炭水化物と光合成についてのわずかな科学的知識を、チッソの絶対必要量というデータと組合わせ、コストを計算し、きちんとしたテクニックで正確な液肥散布を行う。これによって、2つの改善ができるだろう。1つはごく単純に、チッソ量を最適化し投与タイミングも最適化することによって、芝草のエネルギー生産を増加させられるということである。もう1つは少し抽象的かもしれないが、一部のチッソ投与についてであっても、費用効果の高い資材（尿素）で行えば肥料コストの節減ができるということだ。浮いた費用はコンディション向上のための他の仕事、たとえば目砂の回数を増やすとか、夏の到来前にトリネキサパックエチルを使ってストレス耐性を高めておくなどに回せるだろう。あるいは、数年計画で高性能な刈込機械や管理機械の購入予算にしてもよいだろう。

芝草の科学について学習を続けること。そして有用なデータを集め、分析し、それを実際の管理に生かすことは、必ずターフコンディションの向上に繋がる。チッソと光合成とその最適化にかかる費用についてであれ、土壌水分とその測定と測定値に基づく散水の最適化であれ、科学とデータと技術をきちんと組合わせていけば、必ずコンディションは向上する。

Chapter 2

Grass, soil, and water

芝草と土壌と水

芝草はちょうどよい量の水を与えられていれば、ことは簡単だ。水が不足したり土壌が湿りすぎていたりすると、事態は急速に悪化する。

水の管理方法は数多くある。なかでも土壌水分計は重要で、今日ではグリーンキーパーが常備すべき計器である。後述する本文では、筆者がキーパーだったら、圃場容水量までたっぷりと散水してその後は萎凋点近くまで放置乾燥させ、そしてまた圃場容水量まで散水して乾燥させる。これを繰り返すとしているが、現在は、いつでも自分で正確に土壌中の水分を知ることができる時代になった。

土壌水分が把握できれば、萎凋点と圃場容水量とを見極め、理想の水分範囲を設定して維持することができる。つまり、土壌水分を目標範囲内に維持するための、ちょうどよい量の散水が可能になる。今ではこれがプロトーナメント時の管理方法である。そしてこの方法は、どのゴルフコースでも実行できる方法である。

土壌水分量の簡単な計算方法

毎年4月上旬に開催されるマスターズトーナメント。米国ジョージア州オーガスタはこの時季、気温が上がって、グリーンのベントグラスも、ライグラスでオーバーシードしたフェアウェイのバミューダグラスも、水の要求度がかなり高くなることがしばしば。トーナメント時には世界各国からボランティアが集まり、大勢のコース管理スタッフいる。そのため、必要な場所にいつでも手散水ができるし、スプリンクラーは1つおきにクイックカップラーがついているので、コース全体を手散水で管理することさえ可能なのだ。しかも、各グリーンに「サブエア」が導入され、ルートゾーンから余分な水分を抜くこともできる。

オーガスタナショナルゴルフクラブがこれらを配備した理由は単純だ。芝草の健全な育成には、土壌の水分管理が非常に重要と考えているからである。土壌水分の管理はグリーンキーピングの最重要項目の1つである。日本では盛夏に向かう梅雨明け前後に、過散水や不足が原因のトラブルが発生しやすい。もし、地中水分を適正レベルに維持できれば、多くのコース管理者に役立つことだろう。そこで、その簡単な計算方法を紹介する。

まず、ルートゾーンにどれだけの水が存在するのかを考えてみよう。

日本のベントグラスグリーンの場合、シーズン中の平均的な根の長さは10㎝程度である。1㎡、深さ10㎝のターフの体積は100ℓ。通常はこの50％が固体で占められ、残り50％が隙間である。つまり、1㎡のルートゾーンには、その50％＝50ℓの水を入れることが可能なのだ。一方、大きな隙間（空隙）に入った水は重力によって逃げてしまう。いわゆる「圃場容水量」とは、この重力による自然排水が終わった後で土壌に残っている水の量である。理想的な土壌では、隙間の半分、すなわち土壌全体の約25％が水を保持することのできる毛細空間であり、残り25％は水を保持できない通気空間である。通気空間は重力に逆らって水を止めておくことはできないが、毛細空間はそれができる。だから、土の中に存在できる水の最大量は、ルートゾーンの25％と考えてよい。根圏10㎝、面積1㎡のターフは25ℓの水を保持することができる。グリーンが「圃場容水量」に達している時、ルートゾーンには約25ℓの水がある。

だが、芝草はこの水のすべてを使えるわけではない。土壌粒子の隙間に強く吸着されている水は、利用できない。そこで「植物が利用できる水量」を考えてみよう。

土壌体積の25％を占める水は、植物が使うにつれて減っていく。これが10％程度になると、ドライスポットが現れ始め、芝草は地中から水を吸い上げることができなくなる。つまり、植物が利用できる水は25％～10％、水量でいうと15ℓである。水管理の要は、ルートゾーンの水量をこの範囲に維持することである。10％を切ると萎れや土壌の疎水化が発生する恐れがある。25％を超えるとグリーンがジメジメして地中の空気が不足し、根の生育阻害などのトラブルが出やすくなる。

芝草は毎日どのくらいの水を使うのだろうか？

■表2-1

	1月	2月	3月	4月	5月	6月	7月	8月	9月	10月	11月	12月
那　覇	1.7	2.0	2.5	3.1	3.4	3.6	3.9	3.6	3.2	2.6	2.0	1.7
宮　崎	1.5	1.9	2.6	3.6	4.1	4.1	4.5	4.3	3.5	2.8	2.0	1.5
大　阪	1.1	1.4	2.1	3.3	4.2	4.4	4.7	4.6	3.5	2.5	1.6	1.1
名古屋	1.0	1.4	2.2	3.4	4.2	4.4	4.7	4.6	3.4	2.4	1.6	1.1
東　京	1.1	1.4	2.0	3.0	3.8	3.9	4.2	4.0	3.0	2.1	1.5	1.1
仙　台	0.8	1.1	1.7	2.8	3.6	3.7	3.9	3.8	2.9	2.1	1.3	0.9
札　幌	0.4	0.6	1.1	2.2	3.3	4.0	4.1	3.7	2.7	1.7	0.8	0.4

日本の都市における日次ET（mm/日）。
1970～2000年の月平均気温をもとに計算で求めたもの。
緯度による放射率の違いを考慮している。

これが分かれば、土壌中の水分量を推定することができる。つまり、土壌水分を適正な範囲に維持するためには、散水量をあとどれだけにすればよいのかが分かる。植物が使う水量は、蒸発散（evapotranspiration＝ET）と呼ばれる。これは地表面からの蒸発と植物の体表からの発散の合計で、1日当たりに何㎜と表現する。通常、ETは「ペンマン・モンテースの蒸発式」と呼ばれる公式によって求めるが、それには、地中伝導熱量とか、蒸発潜熱、空気力学的表面抵抗、飽和蒸気圧力温度関係曲線など、いわば普通の人には無縁の様々なデータが必要になる。そこで別の方法を考えたい。気温と地球外放射という2つの変数を使ってETの推定値を求めることが可能なのだ。この方法を使って日本の主要都市の月ごとの1日当たりのETを算出したのが

表2-1である。

5〜8月にかけて、日本の多くの地域で平均日次ETが4㎜を超える。つまり、普通の天候であれば、毎日4㎜の水が失われる。

では、これによって地中の水量はどのように変化するだろうか?

1㎡当たり1㎜の水は1ℓである。日次ET=4㎜とは、ターフ1㎡当たり毎日4ℓの水が失われるということである。こう考えると、地中の水分の変化がイメージしやすくなる。圃場容水量に達したルートゾーンが25ℓの水を蓄えている。そこから平均的な天気が3日間続いたとしよう。そうすると、土壌表層10㎝の根圏の水分総量は「25-12=13」ℓ程度に減っている、すなわち、地中の水分含有率が25%から13%に低下したと推定できる。翌日も同じような天気になれば、さらに4ℓの水が蒸発散によって失われ、土壌水分は9%程度にまで低下するだろう。10%を下回れば、萎れや生長障害が発生すると予測できる。水の挙動をこのように把握すれば、土壌水分を10〜25%の間に維持することは難しくなくなる。

根は土中に空気がたっぷりある時の方がよりよく生長する。したがって、土壌中の水分は必要最低レベルであるのが望ましい。土壌水分をなるべく少なくしたい理由はもう1つある。それは夜間の地温をなるべく下げてやりたいからだ。水を多く含んだ土は日中に熱を蓄え、夜になっても熱が逃げていかない。一方、空気を多く含んだ土は気温の低下とともに速やかに地温が低下する。土壌中に最大限に空気があることが重要（夏季には極めて重要）だから、散水は可能な限り間隔を空けて行うようにする。もし、4㎜の散水を毎日行ったとすると、通常のグリーンでは土壌水分が21～25％、通気空隙は25～29％に維持される。こういう散水は避けたい。先に述べたとおり、芝草にとってベストの水分は10～25％。だから、まずたっぷりとした散水を行って地中の水分を25％にし、後は、それが21％から17％へ、そして13％へと減っていくのを待つ。このような散水を行えば、通気空隙は29％、33％、そして37％と、高いレベルの範囲で変化する。そして4日目に16㎜とたっぷり水を遣って、それまでに蒸発散で失われた水を補給し、地中の水分含有量を25％に戻してやる。基本はこのサイクルを繰り返す。この散水方式がクリーピングベントグラスのグリーンにどのような利点をもたらすかは研究で明らかにされている。毎日散水するより、4日に1度の散水の方が根の発達、ターフのクオリティともに向上することが分かっているのだ。

夏季におけるベントグラスグリーン管理のカギは何だろうか?

自分のグリーンの圃場容水量をきちんと知っていること、根の長さを知っていること、自分のコースのETを知っていることである。そしてこれらをベースに、地中水分を10～25％に維持できるような散水を行う。こうした土壌水分管理ができていれば、日本の真夏のベントグラスグリーンに発生する問題の多くを避けることができる。夏の芝草管理の要、それは精密な水遣りに尽きるのである。

土壌水分の臨界値

The Critical Moisture Content of Soils

筆者は、1990年代に米国のいくつものゴルフ場で働いていた。当時のゴルフ場では若い人をたくさん使っていたが、その主たる任務は手散水であった。グリーンにできたドライスポットに、水を撒くための要員である。当時は、まだ浸透剤というものがあまり使用されていなかった。どうしても解消できない頑固なドライスポットでなければ、浸透剤など使われることはなかった。

97年にはオーガスタナショナルGCで働いていたが、やはり浸透剤は全く使用していなかった。4月のマスターズでグリーンに何か影響が出るかもしれない、あるいはその後のシーズンでプレーに影響が出るかもしれないという懸念があったためである。その年の夏、労働時間のほとんどを手散水に費やした。乗用カーの後ろに水を積み、オーガスタのコース中を走りまわってはグリーン上のドライスポットにホースで水を撒いた。筆者の知る限り、オーガスタでは今でも浸透剤を全く使用していない。潤沢な予算があり、コース管理に常時40人以上ものスタッフを擁しているから、浸透剤なしでも十分にやっていける。グリーン管理に、それだけの人手をかけられるのである。

しかし、オーガスタとは違う普通のゴルフ場、たとえば管理スタッフが12人というようなコースではどうだろうか？　もちろん、ドライスポットが出れば水を撒かなければいけないが、それ以前に、ドライスポットを出にくくする方法はないものだろうか？

実をいうと、かつては浸透剤はコストに合わないと考えていた。だが、今は違う。最近、アメリカで発表された研究の要約を読む機会があった。そのなかで、浸透剤についての重要な事実、いままで持っていた疑問を解く大きな鍵、そして浸透剤が時に悪者扱いされる理由といったことに、大いに合点がいったのである。

従来の態度を180度転換させた事実とは何か？

それはサンドグリーンに浸透剤を使用すると、土壌中の水分を低く維持することができる一方、ドライスポットが出にくくなるという報告である。

ここで、土壌が保持している水分の臨界量（限界量）という概念を知っておいてほしい。土壌中の水分がこの量よりも少なくなると、土壌は疎水性となり土壌粒子が水を弾くようになってしまう。土壌中の水分が、たとえば25％の時、その土壌が疎水性になることはない（ドライスポットは発生しない）。しかし日数が経つにつれて、芝草が土壌から水を吸い上げるために、土壌中の水分は25％から徐々に低下していき、ある値（通常は8～10％程度）を切ると、その部分に水を撒いても土を濡らすことができなくなってしまう。このときの水分量が臨界量であり、臨界水分量以下になった土壌は疎水性となってドライスポットを形成し、グリーンキーパーはその対策に追われることになる。ドライスポットが発生してしまったら、どうやって解消するのか？　これはなかなか容易なことではない。結局、騙し騙し何とか持ちこたえて、最終的には、秋冬になってドライスポットが自然に消えるのを待つことになる。

さて、オーガスタナショナルでは人海戦術によってこの問題を解決している。多数のスタッフがすべてのドライスポットに十分な量の水を撒くことで、土壌中の水分が常に臨界値以上になるように保持している。膨大な費用がかかるとはいえ、これもドライスポット管理の1つの方法である。

では他に方法がないのか？

浸透剤を使う手がある。浸透剤は、撒かれた水を土壌中にむらなく分散させる働きがあり、同時に、土壌の実効臨界水分量を引き下げる働きがあるのだ。

ジョージア大学のキース・カーノック博士は、これを次のような言葉で説明している。

「土壌界面活性剤（浸透剤）の本当の価値は、ここにあるといってよい。すなわち、浸透剤を使うと、土壌は非常に乾いた状態に維持でき、必要な時にはいつでも素早く、濡れた状態にすることができるようになる。別の言い方をするなら、浸透剤を使わずに放置して水分が臨界値を下回ってしまうと、水を撒いても土が濡れない、濡らすのが非常に難しくなる」

土壌中の気相の重要性については、多くのコース管理者が身をもって感じていることだと思う。高温多湿の日本で、ベントグラスの夏越しをさせるためには、土壌にたっぷりと空気が含まれていることが不可欠であり、土壌中の水分が多すぎると、様々な問題を引き起こす。土壌中の空隙は無限ではなく、その限られた空間を空気と水とが占拠している。水の量が多くなると、空気の量が不足する。浸透剤を使うと、土壌中の水分量を少なめに保持しつつ、ドライスポットの発生を抑えることが安全にできるようになるのだ。言い換えれば、浸透剤を使うと、水を今までよりも有効に利

■図2-1

土壌の水分量が臨界値に達すると（1）、土壌は疎水性になり、土壌中に水が浸透できなくなる。これはゴルフ場のサンドグリーンではありふれたトラブルである（2）が、浸透剤を使用することによって発生を抑えることが可能である

用できる。気相を増やすことができ、その結果として、ベントグラスの生育に多くのよい効果を期待できるようになるのである。

日本のスーパーインテンデントと話をしていて浸透剤のことが話題になったことがある。その際、浸透剤を使うと土壌中の水分が増え過ぎてまずいのではないかと尋ねられた。このような考えのスーパーインテンデントはアメリカにもいた。その時は自分の知見から、浸透剤はどうしても必要な時以外には使わない方がよいだろうという意見を述べた記憶がある。しかし前述のように、最近の米国の研究はこうした考えを完全に覆すものである。

では、この新しい理解に基づいて、もし自分がグリーンキーパーならば、浸透剤をどのように利用していくだろうか？

第1に、散水の必要性がピークに達する夏に向けて、グリーンに定期的に浸透剤を散布する。浸透剤のおかげで水は土壌に均等に分散するようになるだろうから、散水量は以前よりも少なめにするだろう。グリーンキーパーのなかには、浸透剤を撒くと土壌表面の水分が増えるように感じるという人がいるが、その場合、散水量は減らしているのだろうか？　減らすべきなのである。土壌全体にまんべんなく水が浸透するようになったのだから、散水量は減らすべきだ。

第2に、土壌水分計を使ってグリーンの土壌水分を継続的に観測する。グリーンの水分臨界量を把握し、土壌水分がそれ以下にならないように、しかしできるだけ低い値になるように管理する。

第3に、ドライスポットには、必ずホースによる手散水などの方法で水を撒く。これは、スプリンクラーで十分に水を撒けなかった部分があり、その部分が乾燥してドライスポットを形成しているに違いないからである。スプリンクラーで上手く水が撒けないことがドライスポット発生の原因でもあるから、いくらスプリンクラーで水を撒いても対策にはならない。スプリンクラーを使えば、濡れた場所がますます湿り、乾いた場所がますます乾くだけで、ドライスポットは絶対になくならない。

グリーンの夏越しは、日本では非常に難しい仕事ではあるが、浸透剤を使用することで夏越しが楽にできるようになるだろう。自分がグリーンキーパーであったときに、そんな使い方をしておきたかったと思う今日この頃である。オーガスタナショナルのようなコースなら別に必要としないだろうが、そうではないコースには、浸透剤は役に立つ資材だと思う。

土壌水分計を選ぶ

Choosing Soil Moisture Meters

このところゴルフ場を訪れると、どうも土壌水分計の使い方に疑問を感じることが多い。土壌水分計は、世界のメジャートーナメントでも使用されているし、最近は日本のグリーンキーパーにも利用者は多い。だが、どの計器を、どのように使うのがよいのか。まだ十分に理解されていないのではないかと思う。

背景　BACKGROUND

グリーンキーピングにとって、土壌水分管理の重要性はいまさら言うまでもない。真夏のベントグリーンにドライスポットが出たらどうなるか、コース管理に携わる者なら誰でもよく知っている。乾燥したパッチはほとんどの場合、枯死してしまい、放置すればほぼ間違いなく藻類が入ってくる。そこで、夏場のうちにソッドを張って修理しなければならない。土壌水分が過剰であるとどうなるのか、これもコース管理に携わる者なら誰でもよく知っている。頼りなく軟らかいグリーンだと、刈込機械が不規則に沈み込むので、あちこちで芝が削れ、大きなボールマークができて回復に時間がかかる。それだけでなく、ターフが薄くなったり、藻類がはびこったりすることも珍しくない。

つまり、土壌水分管理は、日々の管理作業と同列の意識で臨まなければならないものなのである。大きな競技大会ではグリーンの速さや硬さに一定の目標値を設けるから、芝草のためだけでなく、大会のコンディション作りに土壌水分を細かく管理する必要性がある。そんなことを言わずとも、土壌内部の水分含有率を正しく知ることができるということは、より精度の高い水分管理が可能になることを意味する。精度の高い管理とは、ドライスポットの少ない、ウェットスポットの少ない、すなわちそれだけ健康度の高い芝草を、適切な速さ、そして適切な硬さのグリーンを実現できるということだ。

そこで問題にしたいのが、どのような計器を、どのように使うべきなのかということだ。「ベストの土壌水分はどのくらい?」と、グリーンキーパーからよく聞かれる。よい質問だとは思うが、どんな土壌を、どんな気候条件で、どんなスタイルで管理していて、どんな計器で測定しているのかによって、数値は大きく変わるものだ。また、その数値もその特定のゴルフ場にとってベストの数値ということでしかない。この点をもう少し詳しく掘り下げよう。

計器の種類　TYPE

一般に利用されている機種は3種類ある。筆者がコーネル大学で院生をしていた時には、ハイドロセンス（キャンベル・サイエンティフィック社）という製品を使っていた。現在はアジアン・ターフグラス・センター（タイ）で芝草研究を続けているが、そこでは2006年にTDR-300（スペクトラム・テクノロジー社）という製品を購入し、今もそれを使っている（同社からはTDR‐100という製品も出ているが、検出技術そのものは同じ）。さらに、かつて香港で調査活動を行った際には、テタプローブ（デルタTデバイス社）という製品を使用したことがあり、個人用にこの製品を購入している。ゴルフ場を訪問してデータを収集する際には、主にこの製品を使用している。

どのモデルも、土壌の誘電率と土壌内の水の誘電率から土壌の水分含有量を計算している点は同じである。計器側から電気信号を発し、これが土壌中を伝播して測定用電極に到達するまでにかかった時間を測定する時間領域反射（TDR）法を採用しているのが、TDRシリーズとハイドロセンスである。そして、4本の電極棒を使って土壌中の電圧定在波の振幅を測定するのがテタプローブである。性能については、どの製品も正しく使えば極めて正確である、と言ってよいだろう。

では、何にこだわるのか？　自身の経験や他の研究者、あるいはゴルフ場スーパーインテンデントの話などから得たポイントはこうである。

①ハイドロセンスは高精度で耐久性もよいが、プローブの長さが12㎝と20㎝しかない。②TDRプローブは、3、8、7、6、12、20㎝からロッドを選ぶことができるので、土壌の浅い位置の含水率を測定できるメリットがある。③ハイドロセンスもTDRプローブも、誘電率を利用する関係上、塩分を含んだ土壌では正確な測定ができない。④テタプローブは塩分を含む土壌でも測定可能だが、測定用のプローブが長さ6㎝のもの1種類しかない。⑤耐久性でいうと、ハイドロセンスとTDRプローブはそれなりに丈夫だが、テタプローブはやや劣る。⑥TDRは米国で普及しており、ハイドロセ

■図2-2

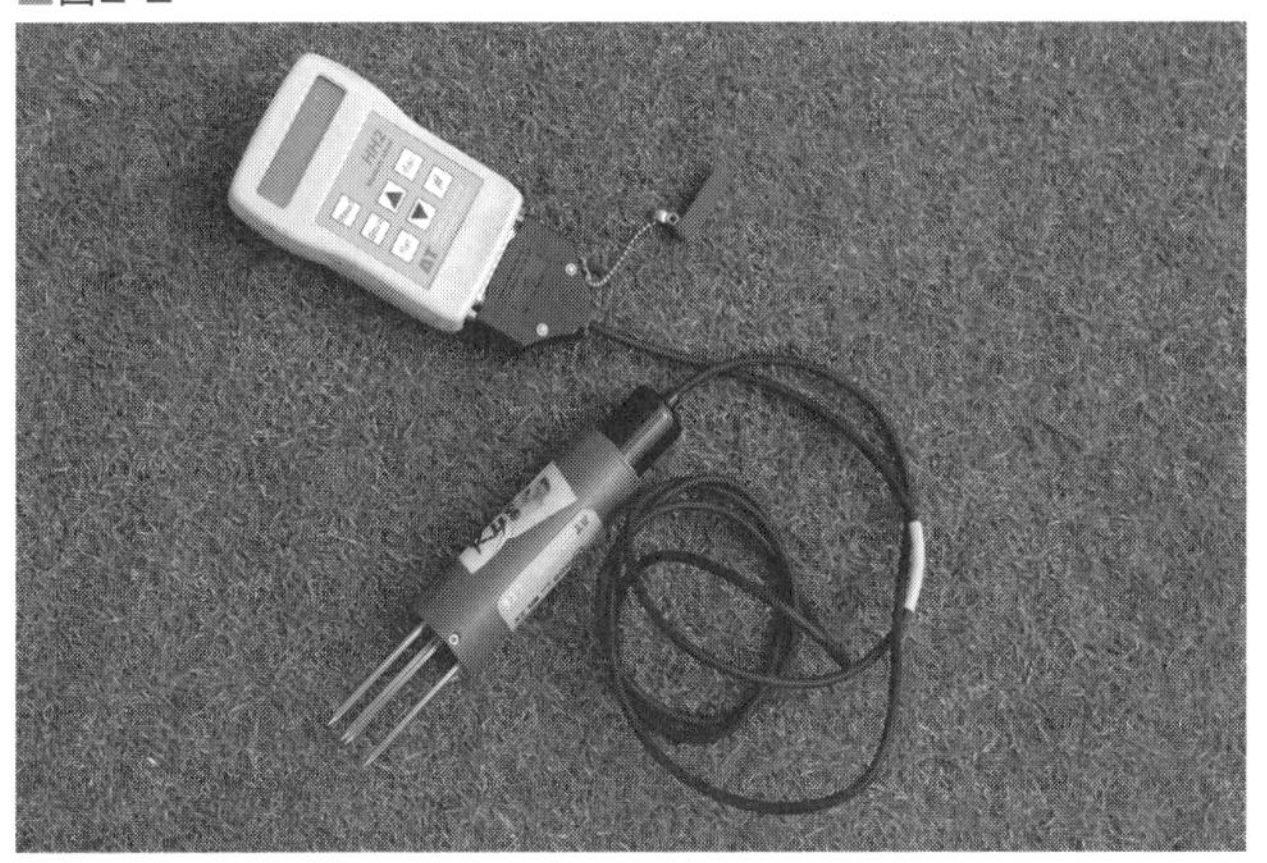

全英オープンでも使用されているテタプローブ（デルタＴデバイス社製）。
大会前から期間中を通じて、グリーンを繰返し測定する

ンスはオーストラリアで非常に人気があり、テタプローブは英国人好みのようである。

どの計器でも、表示される数値は、電極間に挟まれている土壌の平均水分含有率である。したがって、電極（プローブ）を土壌に完全に差し込まないと正確な数値は出ない。たとえば、ハイドロセンスに12㎝のロッドを取り付けて６㎝の深さまで差し込んで測定しても、深さ６㎝の土壌水分を測定することはできない。この場合は厚さ６㎝の土壌と厚さ６㎝の空気の層の中を測定することになる。空気の誘電率は０で、計器の測定プログラムは対応できないから表示される数値に意味はない。

検証　INSPECTION

グリーンの表面には大抵有機物層があり

（そのためグリーン表層の保水力が高く）、その下の砂層は保水力が非常に低い。そのため水分計を使う際には、グリーンの土壌断面構造とプローブの長さを考慮しなければいけない。グリーンキーパーにとっては、TDRのように必要に応じてプローブの長さを変更できるタイプが有用度が高いのではないだろうか。日本のベントグリーンで、テタプローブ（深さ6cm）とハイドロセンス（深さ12cm）の両方を同時に使って比較したことがある。30mm以上の降雨直後だったので、グリーンはほぼ圃場容水量に違いないと思いつつ測定したところ、テタプローブの表示値はほぼ30%、ハイドロセンスの表示値はほぼ20%だった（数値は体積比）。これはどちらの測定値が正しいかということではない。グリーンの表層6cmにおける平均含水率が30%であり、表層12cmにおける平均含水率が20%であったということである。実際、このグリーンでは、深さによって含水率にかなりの違いがあり、有機物が非常に多い最上層では40%、そして、有機物がほとんどなく造成当初の砂だけで構成されている深部は10%程度であった。

土壌の水分含有率がもっとも早く大きく変化するのは表層なので、グリーンキーパーにとってはロッドの短い計器を使う方が、より実用的なデータを得られると思う。

日本での効能　LESSONS

土壌水分計は、マスターズでも全米オープンでも全英オープンでも使用されている。北米でもヨーロッパでも日本でも、使っている人は現代のグリーンキーピングに欠かせない機器だと感じているはずだ。そして、猛烈な暑さの中でクリーピングベントグラスを管理する日本においては、干魃ストレスの回避という点でも水没ストレスの回避という点でも、土壌水分管理は要である。

土壌水分計を使う

Using Soil Moisture Meters

土壌水分計という計器をグリーンキーパーが使用するようになったのは、比較的最近である。しかし、現在では世界的な傾向として定着している。土壌水分計は種類によって、測定原理が少し異なるが、土壌中の水分を体積率（%）で正確に測定することができる点は同じである。前項では、3種類の土壌水分計について種類ごとの差異について詳しく述べた。今項では、土壌水分計を有効に利用するにはどうしたらよいのかを考えてみよう。

トラブル　TROUBLE

計器を有効に使いこなすためには、ある質問に答えを持っていなければならない。

土壌中の水分の最適値はどれぐらいか?

この質問をいきなり投げかけられたとしても、残念ながら筆者は答えることができない。もし、こういう質問があった場合、筆者は、「最適」とはいろいろな条件によって変わる。したがって、絶対的な数値はないと言うだろう。最適水分量（含有率）はコースによって違うし、育成している草種によっても変わるし、土壌条件によっても異なる。また、グリーンキーパーの管理スタイルによっても異なるし、そのゴルフ場がどのようなプレーコンディションにしたいと思っているのかによっても変わるから、一概には言えない。これが最適、という1つの値はない、という答えになってしまう。

しかし、あるゴルフ場、それを自分のゴルフ場と特定すれば、答えは全然違う。ゴルフ場が決まれば、草種も、土壌も、管理スタイルも、目標としているプレーコンディションも特定されてくる。そういった複数の要因が明確になった条件下では、「最適値」と呼んでよい値が決まってくる。個別に数値を挙げることはできないが、当事者である読者が個別にその数値をどうやって探すのかを解説することはできる。先ほど、「最適値」という言葉で表現したが、これは少し別の角度から見ると、次のように表現を変えることができる。すなわち、「ベストの散水タイミングを見極める方法は?」ということだ。そして、土壌水分計は、この質問に毎回、正確な答えを示してくれるのである。

背景 BACKGROUND

土壌中の水分を考える上で、2つの基本的な状態を想定することができるだろう。第1の状態は、土壌が目一杯まで水を含んだ状態である。目一杯までとは、洪水の状態を言っているのではない。大雨や大量の散水を受けて土がたっぷりと十二分に水を吸収しており、その土の保水能力を超える水は重力の働きによって根圏よりも低い位置に逃げて（排水されて）しまった状態のことである。これは土が重力に逆らって水を保持している状態であり、こうして保持されている水は植物が利用できる。これが圃場容水量である。

第2は、土壌中の水分が非常に少ない状態。水がないために植物が生長を停止してしまう状態である。ゴルフ場のコース管理では、芝草の萎れが問題となる。そして、萎れは土壌中の水分が不足しているために植物が膨圧を維持できなくなる状態である。この萎れが発生する土壌水分状態が「萎凋点」である。

圃場容水量や萎凋点は、土壌条件、草種、グリーンキーピングの方法によって異なる。しかし、前述のように、ゴルフ場が決まれば、土壌も草種も決まるから、圃場容水量もほぼ一定であるし、萎凋点もほぼ一定である。1つ例を挙げると、グリーンの表層10㎝における圃場容水量は水分の体積比で35％程度という想定が可能であり、そのグリーンの同じ表層10㎝における萎凋点は水分体積比で10％程度という想定が可能である。

解決策　SOLUTION

「散水のベストなタイミングを見極めるには？」という問いへの答えは、以下のようなものになる。

①大雨などの直後で、土壌が圃場容水量に達していることが確実視される状況の時に、水分計で測定を行う。土壌の種類、有機物含有率、計器の種類などにより、様々に異なる値が観測されるであろう。そうして得られた測定値が24％ということもあるだろうし、42％という場合もあり得る。実際の値がいくつなのかは問題でない。しかしグリーンキーパーとして、自分のコースの圃場容水量をきちんと把握しておくことが必要である。もし、ある日の測定結果が、圃場容水量を上回る数値であったら、排水に何らかの問題が発生しているか、土壌内部に何らかの異常が発生していることは間違いない。

②土壌の乾燥が進み、ドライスポットが出始め、そしてドライスポットの中の芝草が萎れ始めたら、その萎れ部分の土壌水分を測定する。この測定は、ドライスポットが出現し始める午後に行うのが一番よい。「ドライなんか出せるわけがない！」とか、「そんなことをしたらグリーンが駄目になる」という意見があるだろう。別にダメージが出るまで待たなければいけないとは言っていない。ギリギリの状態を見極めて測定を行い、すぐにたっぷりと灌水を行って回復させるとか、芝草の生長能が高い時季を狙って、こういう測定を行うように工夫すればよいだろう。生長能の高い時季に萎凋点の水分含有率を調べておくと、萎れからの回復が早いだけでなく、水分含有率がどのくらいの時

■図2-3

テタプローブを使って、土壌表面から深さ6㎝における水分含有率を測定したところ、ドライスポット部分（写真右）では11%、ウェットスポット部分（左）では34%だった。草種はL‐93である。水分11%の部分で水分計を使うことにより、実際に萎れやドライスポットが発生する以前に発見して対処することができるようになる

に芝草が強く水を要求するのかがよく分かる。萎凋点を実測してみると、大体5～15%の範囲に入ってくるだろう。

③萎凋点と圃場容水量が分かれば、毎日測定を行うことによって、芝草が水を利用するペースと、それに伴って土壌水分が減少していくペースを管理者の眼から評価できるようになる。トーナメント時には、土壌水分を萎凋点ぎりぎり、あるいはそれよりも1～2%だけ高めに維持するのが普通だ。これによってグリーンを硬くし、できるだけ球速を速くする。通常営業の時であれば、萎凋点より5%上を目安としたい。この程度に抑えておくと、ボールマークが出にくいし、芝草への水も不足にはならない。

④圃場容水量と萎凋点は、ゴルフ場によって異なる。また、グリーンの草種が違った

り、土壌条件が異なる場合にも、圃場容水量も萎凋点も異なってくる。そして、土壌水分計が示す値は、計器によってクセがあるし、特に、測定を行う深さによって大きく変わる。上記①と②を行うことで、そのゴルフ場にとっての適正範囲、目標範囲を設定できるようになるだろう。ここまでくれば、散水は、土壌中の水分を萎凋点以上に、そしてできれば萎凋点に比較的近い数値に保持しておくためのものだという方針を確定することができる。たとえば、ベントグラスグリーンの萎凋点が9％、圃場容水量が27％であるならば、土壌中の水分を10～20％の範囲に維持することがよい目標となる。

日本での効能　LESSONS

日本におけるクリーピングベントグラスグリーン管理の難しさは高温多湿の夏越しにある。夏越しのためには、どんなストレスであっても軽減を図りたい。土壌水分の高精度管理は、ストレス軽減の大きな力となり、病害圧力、高温ストレス、刈込ダメージ、ボールマークによるダメージの軽減に繋がり、根の生長を最大化する助けとなる。土壌水分計は、自分のコースで実際に使ってこそ役に立つものである。

Thai Country Club: Great greens with terrible water

散水用水が劣悪でもグリーンは素晴らしい

植物の育成にとって、水と土壌の善し悪しは、すべてのことに優先されると言ってもよいほど大切な要素である。しかし、世界には、水質のよくない散水用水で驚くほどハイレベルなコンディションを維持しているゴルフコースがある。タイカントリークラブも、そんなゴルフ場の1つである。

トラブル　TROUBLE

タイCCは、タイ国内のゴルフ専門誌による評価でも、一般ゴルファーの人気投票でも、常にベストコースの上位にランキングされる著名なゴルフ場である。また、本当の意味での数少ないプライベートクラブであり、首都バンコクから2本の主要道路がアクセスを提供する絶好の立地にもある。だから、ここでプレーができるとなれば、誰もが最高のコンディションを期待し、速いグリーンを当然のことだと思う。だが、コース管理チームにとって、これは容易なことではない。散水用水の塩度が高いのだ。溶解総塩分（TDS）にして3000ppmを超えることも珍しくないのである。

背景 BACKGROUND

バンコク地方の乾季は11月から4月である。この6カ月間の総降水量は平均で190㎜しかないが、蒸発散量（ET）は大きい。1日当たり6㎜という控えめな数値で見積っても6カ月間で1000㎜を超える。

タイCCの散水用水の塩分含有量は年間を通じて変動するが、TDSとして3000ppmを超えている状態は日常的といってよい。そこでこの項では、この数値を使って説明を進めることにする。TDSは塩の量を直接測定するのではなく、EC_w（用水の電気伝導度）から求めることが多く、TDSとEC_wとの間には、640ppmTDS＝1dS／m（デシシーメン：EC_wの表記単位）という関係がある。散水用水のTDSが3000ppmであるということは、その水1ℓ中に3000㎎、すなわち3gの塩を含んでいるということである。

わずか3gと思うかもしれないが、6カ月もの間、ほぼ毎日散水をしなければならないことを考えると、これは大変なことである。11月1日から4月30日まで181日間のETの総和は1086㎜である。一方、この間の平均雨量は190㎜であるから、散水で補うべき水量は896㎜にもなるのだ。

1㎡に1ℓの散水を行ったときの降水量は1㎜である。896㎜の散水とは㎡当たりに896ℓの水を撒くことであり、その1ℓごとに3gの塩分が含まれている。

■図2-4

塩分量を正確に把握し、適正な水量で塩分を洗脱することによって、降雨が期待できない乾季も素晴らしいコンディションを維持している

■図2-5

タイＣＣのティフイーグルのグリーン。散水用水の塩分含有量が3000ppmと非常に高いにもかかわらず、芽数の多い、スピードのあるグリーンとなっている

つまり、㎡当たり2688gの塩を撒くことになるのだ。2・6kgの塩を撒いた様子をリアルに想像してみて欲しい。地表面は塩をふいた状態となり、薄霜か薄雪かと見紛うばかりの情景であろう。芝草は塩焼けを起こして枯死してしまうだろう。しかし、これだけ大量の塩分に汚染された水を浴びながら、タイCCのバミューダグラス（ティフイーグル）は、根量こそ多くはないものの、非常に素晴らしいプレー面を作っている。この秘密は何であろうか？

解決策　SOLUTION

このような状態では解決策は1つしかない。塩分を根圏よりも下の層に洗い流してしまうこと（洗脱）だ。根圏への塩分蓄積が芝草によくないことは、グリーンキーパーなら誰でも知っている。問題は、洗脱にどれだけの水量が必要なのかである。芝草が必要とする量だけを撒く、すなわちETと同じだけ撒いていたのでは塩分はまったく洗脱されない。撒かれた水はすべて蒸散と発散で失われ、根圏より下へは抜けないからである。蒸発散量よりも多く散水しないと洗脱は起こらない。

洗脱に必要な水量を求めるのによく利用される公式は以下である。

$LR = EC_w \div (5[EC_e] - EC_w)$

ここで、LRは洗脱要求率、すなわち土壌塩度を受容可能なレベルに維持するために追加すべき水の割合で、EC_wは散水用水の塩分濃度を電気伝導度（単位はdS／m）で表したもの。EC_eは土壌の塩分濃度を電気伝導度で表したものである。この値は、土壌の飽和抽出溶液を測定することによって得られる数値を意味しているが、育成している芝草の種類によって塩害抵抗性が異なるから、その数値を代入する必要がある。複雑そうに見えるが、実際にやってみると簡単である。TDS＝3000ppmをEC_wで表すと、以下のようになる。

3000ppm÷640＝4.7 dS/m

バミューダグラスを育成するための土壌EC_eの上限は10dS／mとされているから、この数値を公式に代入すればよい。

LR＝4.7÷(5〔10〕－4.7)＝0.104

そして、実際に散水すべき量を求めるためには、芝草の要求量（ET）を（1－LR）で割る。

このようにして得られた値は、バンコク地方でETが6㎜である日に、土壌の塩分（電気伝導度）が10dS／m以下のターフに散水して洗脱を発生させることができる降水量である。

実際に必要な散水量＝6㎜÷(1－0.104)＝6.7㎜

タイCCでは、この非常に塩分濃度の高い水を実際に使用して水の塩分含有量を細かくチェック。バミューダグラスの反応を注意深く観察しつつ散水量を厳密にコントロールして、塩分の蓄積を回避する管理が行われた。乾季も終了するある年の5月に、現場でこの管理方法が見事に機能していることを確認した。

日本への応用　LESSONS

ＴＤＳ＝３０００ｐｐｍは、とてつもない塩分含有量である。日本では、ＴＤＳ＝１０００ｐｐｍ程度の水を使用しているゴルフ場すらないのではなかろうか。日本は誠に幸運である。しかし、クリーピングベントグラスの場合はＴＤＳ＝５００ｐｐｍであっても危険性があることを知っておかねばならない。日本のベントグラスを対象にして考えてみよう。

EC^e ＝３dS／mとして、ＴＤＳ＝５００ｐｐｍの水を散水に利用する場合で計算をすると。

EC_e＝500÷640＝0.78

LR＝0.78÷(5〔3〕－0.78)＝0.055

したがって、ＥＴを６㎜とした場合、土壌塩分を安全域に維持するために必要となる散水量は以下の通り。必要散水量＝６㎜÷(1－0.055)＝6.3㎜

タイＣＣに比べればわずかでも、やはり多めの散水が必要になることが分かる。直接的な塩害とは無縁であっても、日本の多くのゴルフ場では高温多湿の夏にベントグラスが極限的なストレスに晒されている。だから、夏の高温ストレスで弱り切っている芝草に与える水の質に無関心であってはならない。綱渡り状態でコンディションを維持している草は、わずかなストレスの増加で急激に衰退することがあるのだ（クリーピングベントグラスは耐塩性が低い草種であり、ペンクロスは特に塩害に弱いことも忘れてはならない）。想定外とすることはできないのだ。

Soil Moisture Content of Putting Greens in Japan

グリーンの土壌水分

グリーンの管理において、土壌水分を適切に維持することの重要性はいくら強調しても強調し過ぎることはない。米国サンフランシスコのオリンピッククラブで開催された2012年の全米オープンでは、競技期間中、毎朝の土壌水分目標値を20～22％と定めてグリーンの管理が行われた。そして、グリーンの水分が失われていく日中は、土壌水分計による測定をベースにして手散水を実施し、水分の値を20～22％に戻す作業が行われた。

グリーンにおける最適な水分値は各ゴルフ場によって異なる。前記の数値は、全米オープンが行われた時季（6月中旬）のサンフランシスコでのクリーピングベントグラス（007とタイイのブレンド）で作ったグリーン、そして大会に必要な望ましいコンディションという条件の下で設定されたものである。

土壌水分については、これまで何度も書いてきた。それがグリーン管理において本当に大切であるからだ。イネ科植物にとって、土壌水分は生長速度と健全性を決める決定的要素である。土壌水分が少な過ぎれば蒸散ができなくなり、午後の高温条件下でも気孔を閉じざるを得ず、生長はストップしてしまう。逆に土壌水分が多過ぎると、根の周囲が酸欠状態となって呼吸不全が起こり、このような条件を好む病害が脅威となるし、水は空気よりも比熱が大きくて保温力が強いから地温が高くなりやすい。

土壌水分は、プレーコンディションと管理の容易さにも大きく関係する。水分の多いグリーンは軟らかく、水分が少ないグリーンはしっかりしている。ゴルフという競技には、踏みつけた跡が残ってボールの転がりに影響がでるようなことのない、硬くてしっかりしたグリーンが好ましい。

刈込との関連もある。グリーンの刈込は、できるだけ硬くて滑らかな時に行いたい。すなわち、土壌中の水分の少ないときに刈込みたい。カッティングユニットは下刃の先端で刈込を行うが、下刃は前後のローラーの間にあり、下刃の位置を決めているのはローラーである。グリーン上で局所的に柔かい部分があると、前ローラーの左側とか後ローラーの左側といったように、ローラーが不均衡な沈み方をするから、これに応じてカッティングユニットがわずかに傾斜する。土壌のほんのちょっとした硬さの違いでローラーの動きが変わっても、それは刈高のムラや、最悪の場合には軸刈りとなって結果に現れる。

筆者は、グリーンにおける土壌水分管理のとりあえずのスタートラインを10～25％とすることが多い。もちろん、グリーン構造や通常の管理方法によって変わるが、この数値の根拠となっているのは、グリーン造成のためのＵＳＧＡのスペックにおいて、土壌の毛管孔隙が15～25％となるように砂の粒度を調節することである。毛管孔隙とは水の出入りを可能にする隙間であるから、土壌の

■図2-6 日本のグリーンの地表下6cmにおける土壌水分値を草種別に整理したグラフ。各点が1つの測定を表し、白い箱は、そのデータ群の代表レンジを表す

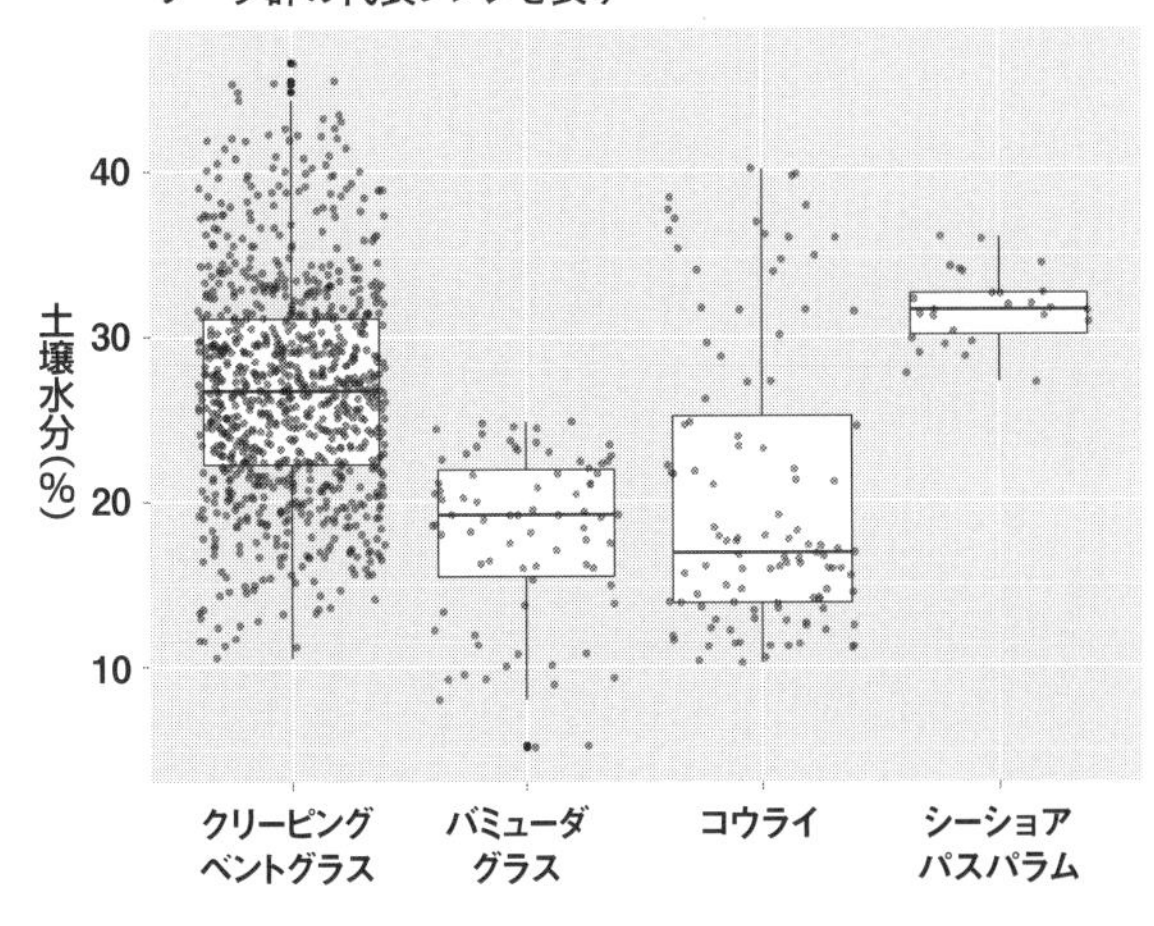

■図2-7 日本のベントグラスグリーンの地表下6cmにおける土壌水分値を都道府県別に整理したグラフ。各点が1つの測定を表し、白い箱は、そのデータ群の代表レンジを表す

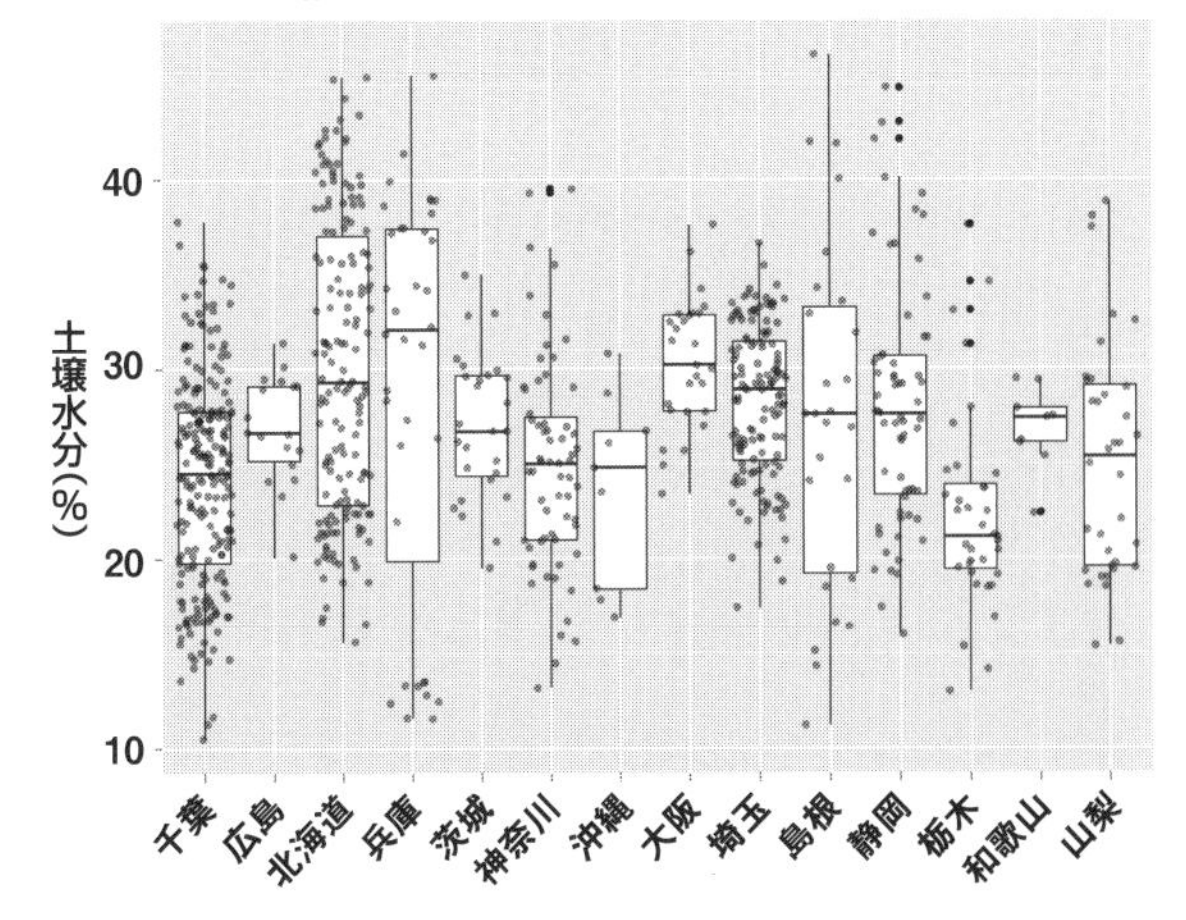

保水力と同じと見なすことができる。つまり、大雨や長時間の散水で土壌中の隙間がすべて水で占められ、それから水の自重によって自然排水した後、土壌に残る水分が15～25％となるのが望ましいとUSGAでは考えている。

この水を芝草が利用することによって土壌水分値は低下していき、15％を切るような状態も発生する。いろいろな土壌と草種の組合わせから経験的に判断して、筆者は、土壌水分値が10％を切ると「萎れ」やドライスポットの危険が上昇すると見ている。つまり、こうした問題を避けるためには、グリーンをこれ以上乾かさないように管理するのが得策ということだ。砂をベースにして作ったグリーンが持ち得る保水力と、グリーンキーパーとしてグリーンを管理する者の立場から土壌水分の目標レンジを考えると、先に挙げた10～25％という数値が現実的な値として出てくる。

以上は純粋に理論的な話だが、日本のゴルフ場の実際の土壌水分はどうなっているだろうか？２０１１年の8月から9月にかけて、北海道から沖縄まで、全国の複数のゴルフ場グリーンの土壌水分を測定するチャンスに恵まれた。測定装置はテタプローブ、測定深さは、地表から６㎝である。

図２‐６は、全部のゴルフ場の測定値である。測定総数１０８４を草種ごとに分けてグラフ化している。データはすべてメイングリーンのもので、サブグリーンでの測定値は含まれていない。図２‐６における各点が1回の測定であり、各測定はそのグリーンの深さ6㎝における平均値である。

これら実際の値を、本来の土壌で期待すべき値と比較してみると非常に興味深い。実際にはどの土壌もそれぞれに異なるので、ここではどの土壌もＵＳＧＡのスペック通りであるという仮定の上でデータを検討する。新しく造成したUSGAグリーンであれば、土壌水分が25％を超えることはない。だが、日本のベントグリーンのみを見ていった場合、水分の中央値が25％を超えている。多くのグリーンで30％を超えているのが実情である。どうしてこんなに水分が多いのだろうか？　これは有機物の堆積が原因である。有機物を含むと土壌の保水力が非常に高くなるからだ。

バミューダグラスとコウライのグリーンでは、筆者が測定したゴルフ場で見る限り、ベントグラスのグリーンよりも水分が少なく管理されている。シーショアパスパラムは、1ゴルフ場だけのデータなので、あまり多くを語ることができないが、1つのゴルフ場の中で、27～36％という範囲のばらつきがあることが分かる。この程度のばらつきは普通といってよい。すべてのグリーンの土壌水分を完全に同じにすることはできない。

図2‐7は、ベントグラスグリーンのみのデータである。測定総数は871で、これを都道府県別に整理している。非常にばらつきが大きい。全体的に言えることは、中央値（各県の測定を表す白い箱の中に引かれている横線）が25％を超えているということだ。筆者が「理想値の上限」と考えている値よりも中央値が低かったのは、千葉県、神奈川県、沖縄県、栃木県のみである。

土壌水分が多過ぎると困るのは、その水を抜く方法がないからだ。乾き過ぎならば、水を撒けばよい。しかし、濡れ過ぎの場合には余分な水を抜き取る簡単な方法がないので苦労する。全米オープンの目標値は20～22％であった。あなたは自分のコースの目標値を持っているのだろうか？

Chapter 3

Temperature, light, and climate

気温と日照と気候

気温と光、これらが芝草とグリーンキーピングにどのような影響を与えるのか、興味のないコース管理者はいないはずだ。芝草を育成するのにちょっと興味深い（そして楽な）環境を1つ挙げるとすると、それは熱帯の高地である。1年を通じて春のような気候の下で、暖地型芝草も寒地型芝草もよく育ち、しかも管理が容易である。こうした場所は、寒暖の差が極端に大きい日本とはまったく違う。

米国やオーストラリアには、年間の気温変化が日本とよく似ている地域があるが、日照量が日本とは相当異なる。米国やオーストラリアでは光合成有効放射量が高いのに、日本では低い。

日本は、最高級のターフを作るための気温条件と日照条件の両方にさほど恵まれていないのだ。これが日本と外国の大きな違い。日本のグリーンキーパーは、この2つの点に十分な理解が必要である。

夏越しのキーポイント「地温」

The most important thing to know about creeping bentgrass

日本のゴルフコース管理の不変的な問題は、ベントグラスの夏越しであろう。しかしこれは、何も日本に限ったことではない。オーガスタナショナルGCのある米国ジョージア州南東部の気候もベントグラスには厳しい。日本とよく似て夏の気温が高い。降雨の予測ができないこともあって、ベントグリーンの夏越しは難しい。ただ、オーガスタは5月中旬から10月まではコースをクローズしてしまう。これはベントグラス管理をとても楽にするが、80年代から90年代にかけて、オーガスタに続いてベントグリーンへの転換を行った他のゴルフ場ではそうはいかなかった。

話が横道に逸れるが、ガラスのグリーンとも言われるオーガスタナショナルのグリーンは、1980年までバミューダグラスで作られていた。この年にベントグラスへの転換が行われ、81年がベントグリーンで行われた初めてのマスターズとなった。これがきっかけとなって、米国南東部地域の多くのゴルフ場がベントグラスへの草種転換を行うようになったのである。

そしてベントグラスに転換はしたものの、オーガスタナショナルと違って夏場をクローズしないゴルフ場では、7月、8月あるいは9月になるとグリーンが「死ぬ」ことが、転換の直後から体験されるようになり、これが大きな問題となった。そしてこれをきっかけとして、米国の多くの芝草科学者がベントグラスについての研究を様々な角度から行うようになってきたのである。

■図3-1

送風機を使ってグリーン表面に空気の流れを作る

夏越しの最大の問題は地温であることがはっきりした。地温が23℃を超えると、クリーピングベントグラスは根を生長させることができなくなる。日本では、夏に地温が23℃を超えるのはごく普通のことであり、その状態が1カ月以上続く。地温が38℃に達すると、クリーピングベントグラスは熱中症状態となって急速に枯死する。このほか、地温と気温の関係について、土壌水分（液相）と土壌空気（気相）の相関について、散水方法が芝草の生残に与える影響について、送風機の効果について、そしてグリーン表層の有機物と夏の生存について、多くの人たちによる様々な研究が行われた。

そういう様々な研究や実験の中から、いくつかの原則が明らかになっている。現在では、クリーピングベントグラスの夏越しについては明確な指針が確立されているといってもよい。そして、その最大のポイントは先に述べたように、地温をできるだけ低く維持することなのである。地温の低い方が、生長もグリーンのコンディションも良いことが、あらゆる実験から明らかになっている。

散水回数を少なくする方が地温は低くなる。有機物含有率を低くする方がよい。土壌が水で飽和しても、必ずしもグリーンは死なない。高温になっただけでは、必ずしもグリーンは死なない。しかし、土壌が水で飽和し、そこに高温が重なると芝草は急速に弱体化する。送風機を使って、あるいは送風とシリンジング（霧状の水で芝草の葉だけを濡らし、土壌は濡らさない散水）の組合わせで地温を下げることができる。シリンジングだけでは地温を下げることはできない。そこには空気の流れが必要だからだ。いろいろなことが分かっている。米国の専門家は、こんなジョークを言っている。

「ベントグラス用の夏の最高の殺菌剤を知っているのか？　送風機っていうんだぜ」

問題の本質（地温が高いことが問題）が明らかとなり、様々な実験の結果が精査された現在、これを管理に生かしていくことができるだろう。地温を下げるために実行可能なあらゆる手段を講ずることだ。送風機を導入すること、土壌の水分管理に細心の注意を払って土壌水分をぎりぎりまで低く抑えること、少ない水をむらなく分散させ、芝草が有効活用できるように浸透剤を使うこと、芝草の水分消費を抑制し（それによって気相の多い乾き気味の土壌で生育させられるように）成長抑制剤を利用し、それに合わせてチッソの投下量をコントロールすることなど、いろいろな工夫が

■図3-2

コアリングをして孔を砂できれいに埋め戻すと、そこに根が旺盛に生長する。その理由の１つは気相が豊富になって地温が低くなるからだ。土壌中に有機物が多いと土壌中の水分が過剰になり、地温が上昇して根の生長を阻害する

可能だ。土壌の水分含有率を10～25％に維持するのがポイントである。ポケットに入れて持ち運べる土壌水分計を手に入れよう。そして、散水前に必ず土壌水分をチェックしよう。入手できるのなら送風機を使おう。気相が多い方が地温は低くなる。液相は夏の地温を高くする。

真夏の日本で、わずか１℃でも２℃でも地温を下げることができたら、その効果は絶大なはずだ。４月第２週のマスターズトーナメントはベントグラスの生育にもっとも適した時季に開催されている。最適期のコンディションをシーズンの終わりまで維持できるように、地温には細心の注意を払っていただきたい。自分のコースの地温をどのような手法でコントロールするのか、それが腕の見せ所である。

ウルトラドワーフへの転換

Converting to Ultradwarf Bermudagrass: why and how

２０１１年の全米プロゴルフ選手権では、１つの大きな話題があった。ベントグラスグリーン全盛の昨今の潮流のなかで、開催コースとなったジョージア州のアトランタ・アスレチッククラブのグリーンがウルトラドワーフバミューダグラスであったからだ。グリーンの草種選定は、ゴルフ場にとってもっとも重要なものの１つである。アトランタ・アスレチッククラブでは、この大会のためにウルトラドワーフバミューダグラス「チャンピオン」を採用した。日本でも米国でもミニバーディやチャンピオンといったウルトラドワーフへの関心が高まっている。

筆者のターフ研究所があるタイでは、ウルトラドワーフは10年以上の使用実績がある。この項では、草種転換を行ったバンコクのスワンカントリークラブの事例とともに、タイ、およびアジア諸国におけるウルトラドワーフの利用について概観する。

トラブル　TROUBLE

スワンＣＣは２００６年にオープンした比較的新しいゴルフ場である。開場当時はシーショアパスパラムの品種の１つであるシーアイル２０００がグリーンに採用されていたが、オープン後数年で、オーナーはグリーンの作り直しを決断した。第1の理由は、シーショアパスパラムでは、自分が希望しているコンスタントな滑らかさ、自分が希望する速さのグリーンを作れないことが明らかになったことである。グリーン用として通常利用されているC4芝草のなかで、シーショアパスパラムは葉身の幅が一番広い。そうしたこともあって、レベルの高いグリーン面を維持するには非常に集約的な管理作業が要求される。第2の理由は、グリーンの施工がベストとは言えない出来であったこと。地下排水がうまく機能していないし、表面勾配もかなりきつく、ロースポットになっている部分も散見された。さらに、スワンCCにとって初開催となったプロトーナメント、アジアンツアーでも問題が明らかになった。競技のためにグリーンのスピードを速くすると、カップの切れる場所がほとんどなくなってしまうグリーンがいくつも出てきてしまったのだ。

以上の理由から、排水を改善すること。プロトーナメントにも十分対応できるグリーンにすること。そして、よりクオリティの高いグリーン面を作るために、ウルトラドワーフバミューダグラスへの草種転換が決定された。そして、グリーンの全面改修が行われたのである。

背景 BACKGROUND

ウルトラドワーフはコモンバミューダグラス（*Cynodon dactylon*）と、アフリカバミューダグラス（*Cynodon transvaalensis*）の交雑種である。いろいろな品種が発表されているが、どれもドワーフ（矮性）すなわち節間が非常に短く、芽数が多く、旧世代品種であるティフグリーン（1956年発売）やティフドワーフ（65年発売）に比べて低刈りが可能である。現在、アジアで使われているウルトラドワーフ品種は、チャンピオン、ミニバーディ、ノボテク、ティフイーグルである。

ウルトラドワーフは3・5㎜以下の低刈りでの管理が可能であり、クリーピングベントグラスに肩を並べるほど素晴らしいパッティング面を作ることができる芝草である。余談だが、タイガー・ウッズは、フロリダ州ジュピターアイランドの自宅に練習用グリーンを4面作っている。そこに使用している品種はティフイーグルである。

管理上の難しさの1つは、日照要求がかなり高いことだ。米国での研究では、高品質のグリーンを作るためには、毎日少なくとも8時間の全日照が必要だとされている。日照が不足する場合には、プリモマックスを投与し、チッソ投与量を減らすことでコンディションを改善することが可能ではある。もう1つの難しさは、ティフドワーフのような旧世代バミューダグラスに比べて、サッチを大量に産出することだ。ただし、タイと香港の限られた実測データによれば、アジアの生育環境下では、米国ほど大量のサッチは作らないようである。日本を含む東アジア地域では、夏の日照時間が比較的少ないことが、この違いを生む原因と思われる（http://www.blog.asianturfgrass.com/climate/ 参照）。

■表3-1

グリーンの採用芝草
（11年1～6月／タイの24ゴルフ場）

品目名	種名	採用コース数	%
ティフイーグル	ウルトラドワーフバミューダグラス	8	33
ティフドワーフ	バミューダグラス	5	21
ノボテク	ウルトラドワーフバミューダグラス	4	17
コウライ	ゾイシアグラス	4	17
ミニバーディ	ウルトラドワーフバミューダグラス	2	8
プラチナET	シーショアパスパラム	1	4
		24	

※ティフイーグルとティフドワーフで過半数を占める

解決策　SOLUTION

新しいグリーンのために、スワンCCのオーナーが選んだ草種はミニバーディだった。タイのゴルフ場オーナーやスーパーインテンデントは新しい草種導入に非常に熱心である。タイの24のゴルフ場を調査したところ、58%が、すでにティフイーグル、ノボテク、ミニバーディなどのウルトラドワーフ品種に転換を済ませていた（上表参照）。米国東南部で非常に素晴らしい成績を出しているチャンピオンだが、筆者の知る限り、アジアでは台湾と日本以外では使用されておらず、東南アジアでの導入実績は耳にしていない（2012年時点）。

スワンCCのグリーンの再設計と施工工事を請け負ったのはゴルフイーストという

タイの会社である。タイの工事ペースは早い。２００９年4月の終わりに着工して、7月末までには18面の改造が終了した。最初に完成した16番グリーンにスーパーインテンデントのパヌワット・ナンラム氏が植付け（茎片）を行ったのは5月。45日後の7月中旬にはコースをオープンし、9月初旬には18グリーンすべてがプレーに供されていた。

ちなみに、スワンＣＣの新グリーンの根圏培地はストレートサンド、すなわち改良材をまったく混合しない砂のみの土壌構成であり、これはタイでは一般的なことである。個人的には、科学的な評価を行って各コースにあった根圏培地ミックスを作る方がよいと思うが、ピュアサンドで培地を作りウルトラドワーフで素晴らしいグリーンを作っているゴルフ場は東南アジアに数多くある。

再オープン後のスワンＣＣは、バンコク地区でもっとも人気のあるゴルフ場になり、２０１１年8月にはタイランドオープンの開催地にもなった。

日本への応用　LESSONS

日本におけるウルトラドワーフバミューダグラスの利用を考える時、２つのことが指摘できる。第1は、既に東南アジアで数多くの成功事例が存在するということだ。マニラ近郊にあるサンタエレナＧＣのティフイーグルグリーンは、もう15年以上も前に作られたものだし、バンコクＧＣもそうである。２０００年以降に東南アジアで作られたグリーンは、ほぼ例外なくウルトラドワーフ品種を採用している。視察や研究の対象はいくらでもある。米国と比較するよりも、同じアジアで比較する方が、日本の実情により合っていると思う。たとえば日照時間だが、ある年の9月の東京の日照時間は平均100時間ちょっと。大阪、バンコク、シンガポールはどれも150時間ほどである。一方、アトランタ、ジャクソンビル、マイアミでは、225時間以上にもなる。

第2のポイントは、ウルトラドワーフもクリーピングベントグラスも管理原則はそう変わらないという点である。草種の違いをあまり意識しなくてよい。大きな違いは、バミューダグラスが夏に元気で冬は威勢が悪く、ベントグラスはその反対という点だ。こうした生育反応の違いについては、Chapter1で述べた生長能理論を使って数値を比較しつつ感覚を掴むことができる。それ以外の管理原則については、同じといってよい。いつも鋭利な刃先で刈込むこと、適切な施肥量を維持すること、そして適切な土壌水分を維持することである。

グリーンを冷やす試み

Cooling the Soil

クリーピングベントグラスは、地温が23℃を超えると、生きていて代謝活動に寄与している根の本数、根量、根長のすべての減少が始まり、ターフクオリティが低下していく。そしてこの衰退は地温が高いほど速く進行する。

ラトガース大学（米国ニュージャージー州）のビンルー・ハン博士の研究室では、気温を20℃に維持した状態で、地温が20℃に維持された場合と35℃に維持された場合について、根数を比較する実験を行い、ベントグラスの夏の衰退が地温と密接な関係にあることを証明した。たとえ気温がベントグラスの生長に最適な温度範囲であったとしても、地温を25℃に維持すると54日後には根数の減少が現れる。地温が27℃の場合には28日後に、そして31℃の場合にはわずか19日後には根数の減少が確認されるようになる。

ベントグラスの高温ストレスは気温よりも地温の方が大きな要因となっており、このことはハン博士による別の研究によっても明らかになっている。たとえば、気温を35℃として地温を20℃に維持した場合と、気温を最適生長温度（20℃）として地温を35℃に維持した場合を比較すると、地温を高くしたグループの方に、より大きなストレスが観察されたという実験結果がある。

こうした事実を踏まえて、日本の暑い夏の期間中、芝草管理者は地温を下げるためにあらゆる努力をすべきであろう。地温を下げることにより、高温ストレスを原因とするターフクオリティの低下を軽減することができる。地温を下げる1つの方法は、ファン（送風機）の利用である。ファンに比べると効果は劣るが、もう1つはシリンジングだ。誤解が多いようだが、シリンジングとは、土壌を濡らさず葉身のみを濡らすことによって水の蒸発熱を利用してターフの冷却を行う散水テクニックである。シリンジングとファンを併用すれば一層の冷却効果が期待できる。

それでは、ファンがない、シリンジングできる設備もないが、激しいストレスに見舞われているスポットが少しだけある、という場合には何ができるだろうか。あるいは、暑さがあまりに激しいためにファンを使っても十分に地温を下げられない場合はどうすればよいのか。こういった場所の地温を少しでも下げられる方法はないだろうか？　また、別の疑問として、真夏の水温は何℃で、そのような水を使った散水が地温をどう変化させるのか、考えてみたことはあるだろうか？

東京近郊のベントグラスグリーンで、ちょっとした実験を行ったことがある。芝生の上に水道水、氷水、氷のみを撒いた場合の地温の変化を調べたのである。水、氷水、氷ともに同じ質量のH_2Oを使用し、対照区には水も氷も与えなかった。そして、地表下5㎝の地温を測定した。また、根圏の表層から深さ6㎝までの平均水分含有率を測定した。これらの地温データと土壌水分データは、それぞれ95ページの図3‐3と図3‐4に示した通りである。

氷水の温度は約1・5℃、水道水の温度は約26・5℃であった。午前9時30分に最初の地温測定を行い、その直後にそれぞれの処置を行い、18時前まで8時間以上にわたって計測を続けた。そしてその間、11時30分頃からおよそ10分間にわたって雷雨があった。

さて、この結果から何を読み取ることができるだろうか？

冷水、あるいは氷を散布するだけで、地温を下げられることが分かる。図3‐3の通り、すべての区画で午前9時30分に地温27・5℃でスタートし、何の処理も行わなかった対照区では、その後に地温が最初に上昇し始め、雷雨とともに27℃まで低下し、その後30℃まで上昇し、午後4時、すなわち夕方近くになってようやく地温が低下し始めた。

氷をたった1回グリーンに撒くだけで地温が25℃未満まで低下し、この状態が10時30分から12時30分まで、2時間継続した。氷水の場合は、散布時の水温が1・5℃であり、氷と同じ量を散布したが、地温は26℃までの低下に留まった。これらに対して、水道水の散布は、地温の低下に何の効果もないことが分かる。

処理を開始してから8時間後の平均地温は、対照区（無処理区）が28・5℃、氷区で27・2℃、氷水区では27・9℃、そして水道水区では、28・6℃であった。また、処理後3時間を経過した時点に着目すると、氷散布区では、対照区よりも地温が3・1℃も低下していることが分かる。

酷暑の朝、ベントグラスが非常に弱っているエリアに氷を散布する。ゴルファーが来る時刻までには氷が融解してしまうように配慮する。こんな方法で、数時間にわたって地温を数℃低下させる。これは実用的なアイデアではないだろうか？　また、最終組を追いかけるようにして、日没前に追加的に氷を散布するというのはどうだろうか？

氷水より氷のみで冷却する方がよい。冷却効果が高いし、土壌中の水分も比較的低く維持される。地中に十分に水分がある場合には、余分な水は与えたくない。図3-4から分かるように、水を撒けば、一時的にではあるが土壌中の水分含有率が31％を超えてしまう。その一方で氷は、撒いても土壌水分をわずかしか上昇させない。

氷を撒くという単純な操作で、これだけの違いを、これだけの長時間にわたって出せるというの

■図3-3 地表下5㎝における地温(℃)

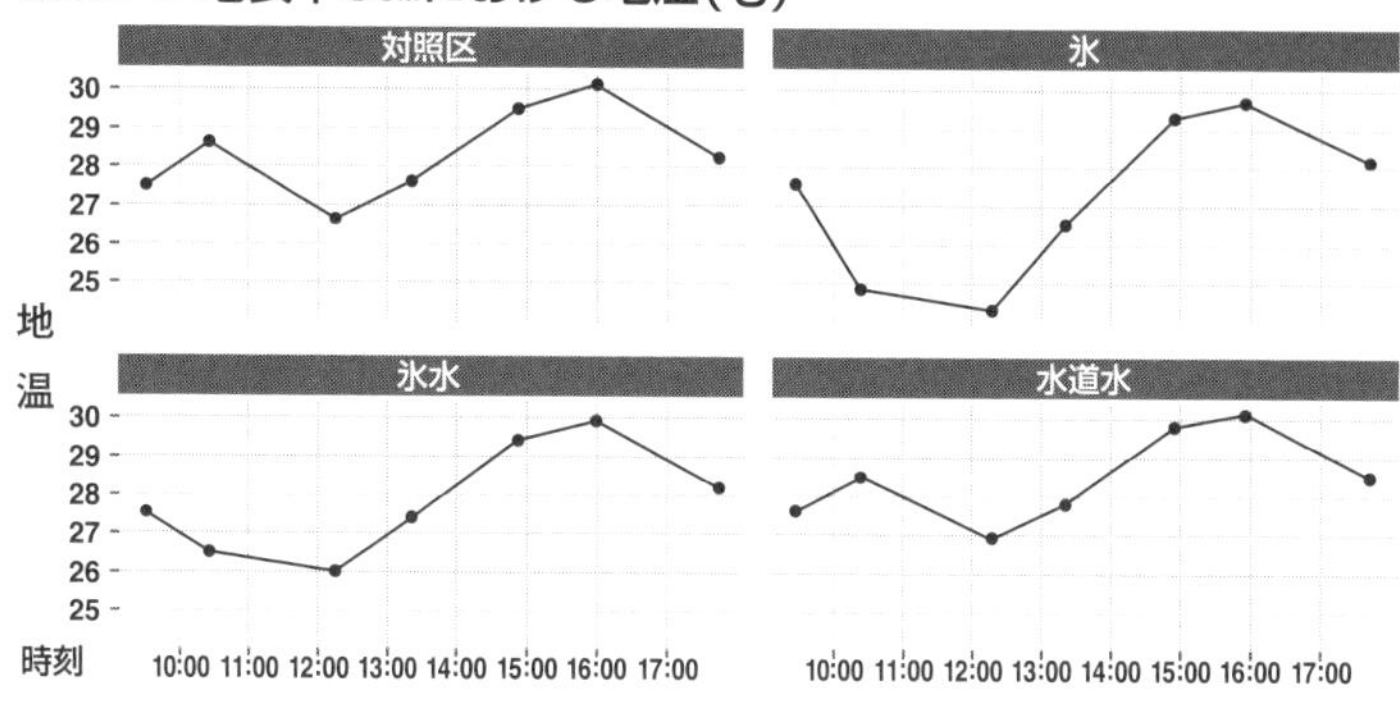

■図3-4 土壌水分(体積%)

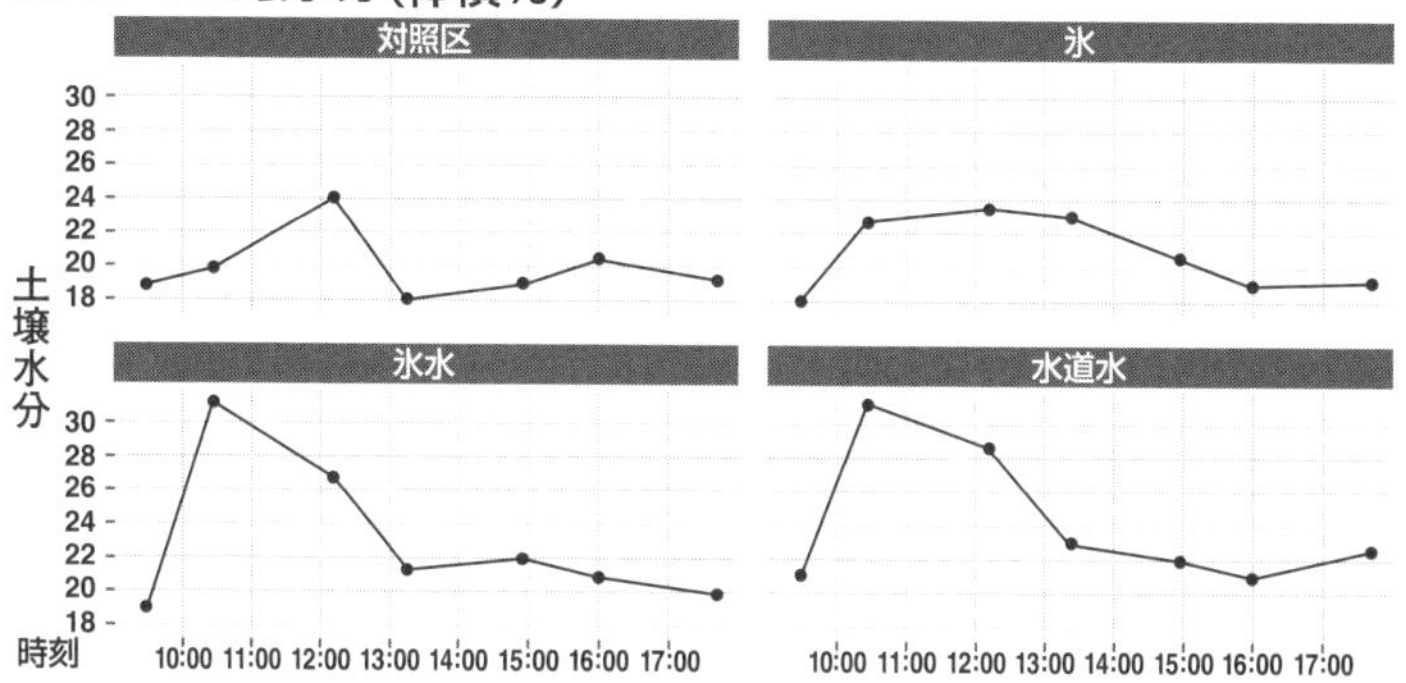

各処理を施した直後の実験区の様子。グリーン上に実験区を作り、各処理について4区画を無作為に割り当てた(4反復)。本文中の数値はすべてこれら4区画から得られた値の平均値である

は驚きであった。地温をわずか2℃下げるだけで、ベントグラスの生長（根長とクオリティ）に大きな違いが出ることが、いろいろな研究から明らかになっている。グリーン全面に氷を撒くのはもちろん実用的でないが、衰退の激しい部分に選択的に散布するのであれば、少なくとも1年のうちの最悪の時期を何とか乗り切るための選択肢の1つにはなり得ると思う。

グリーンに氷を撒くというと、ややクレージーな印象がある。しかしそれは、酷暑の中でベントグラスを育てるのと同程度のクレージーさではないだろうか。明らかに高温が予測され、ベントグラスに障害が出ることが間違いなく、その最大の要因が地温であることが分かっているのであれば、できることを実行することが大切なはずである。

夜間の地温を下げる

Cooling the Soil at Night

前項での氷、氷＋水、それに常温の水を使ってクリーピングベントグラスグリーンの地温を下げる実験を受けて、さらにもう一歩進めた実験を試みた。

氷で冷やすというのは一見、突飛なアイデアだが、高温の夏に地温を下げてベントグラスの生存を助けるという基本には適った発想である。地温が23℃を超えると、ベントグラスの根は、その長さ、根量、根数ともに減少を開始する。7〜9月に北海道から沖縄までのゴルフ場のグリーンの地温（深さ5㎝）を測定したことがあるが、地温が23℃未満であったところは少なかった。具体的には、北海道、山梨県、静岡県の富士山の近く、それに長野県のゴルフ場のみだった。これら以外の日本各地で同じ時期に筆者が測定したゴルフ場の地温は、平均で26℃を超えていた。

周知のことだが、夏場のベントグラスグリーンを良好に保つためには、根の衰退を最小限に食い止めることが極めて重要だ。人間の目にはごくわずかと思える地温の差が、クリーピングベントグラスの根の健康にとっては大きな差となり、それがターフの表面に表れるのである。

昼間のグリーンに氷を置くだけで地温を下げることができるなら、夜間に同じことをしたらどうなるだろう？　たとえば、日没の直前にグリーンに氷を置いたら、その冷却効果が翌朝まで持続するのではないだろうか？

日中に実施した（前項の）実験と同様に、4種類の処理を行ってみた。第1の処理は何もしない（H_2Oを投与しない）無処理区である。第2は水道の蛇口から汲んだ水による冷却を試みたものである。実験当夜の水温は26℃であった。第3は氷水による冷却を行ったもの。使用した氷水の平均水温は1・5℃であった。そして第4は氷をそのままグリーンの表面にバラ撒いて冷却を行ったものである。それぞれの処理を開始した時刻は、太陽がちょうど水平線に沈みつつある18時15分であり、その時の気温は29℃、平均地温は29・2℃、そして平均葉面温度は26・1℃であった。

実験に使用した区画は、それぞれが30㎝×30㎝であり、その面積は900㎠である。冷却に用いた水、氷水、および氷はそれぞれ700g（H_2Oとして700㎖）であった。この水量は、7・8㎜の散水を行ったことに相当する。各区画について、土壌水分、地温、葉面温度を測定した。測定は、処理開始の直前、処理が行われてから43分後、2時間後（氷が完全に融解した時点）、および12時間後の翌朝6時に行った。その結果だが、ターフ表面の温度については、氷処理区、および氷水処理区において最初の2時間は、無処理区、および水道水処理区に比べて温度の低下が見られた。だが、翌朝には、すべての区画において葉面温度は同じであった。

土壌水分の測定結果は、図3‐5に示したとおりだ。それぞれの処理を行う前の土壌水分は約15%であった。処理の直後にはこの数値が一時的に20%を超えたが、翌朝の6時、すなわち実験開始から12時間後には、無処理区と各処理区との土壌水分の差は3%ほどに縮まった。

図3‐6は地温についての測定データである。処理前の地温は29℃を超えていた。無処理区ではその後、地温が徐々に下がっていった。一晩明けた翌朝の無処理区の地温は25・1℃だったが、氷水処理区と氷処理区の結果は、ここでもっとも興味深かった。一晩の実験の中で、氷処理区では処理後2時間に（無処理区に比較して）地温が一時的に3℃以上も低下した。そして12時間後を見ると、氷処理区と氷水処理区では、無処理区よりも地温が0・3℃低かったのである。

日中に実施した前項の実験でも、これと同じようなパターンで地温の低下が見られた。すなわち氷処理区においては、最初の数時間で地温が無処理区よりも3℃低下し、その差は徐々に縮まっていったものの、冷却効果は8時間ほど持続したのである。日中の実験でも、夜間の実験でも、当初

■図3-5　　■図3-6

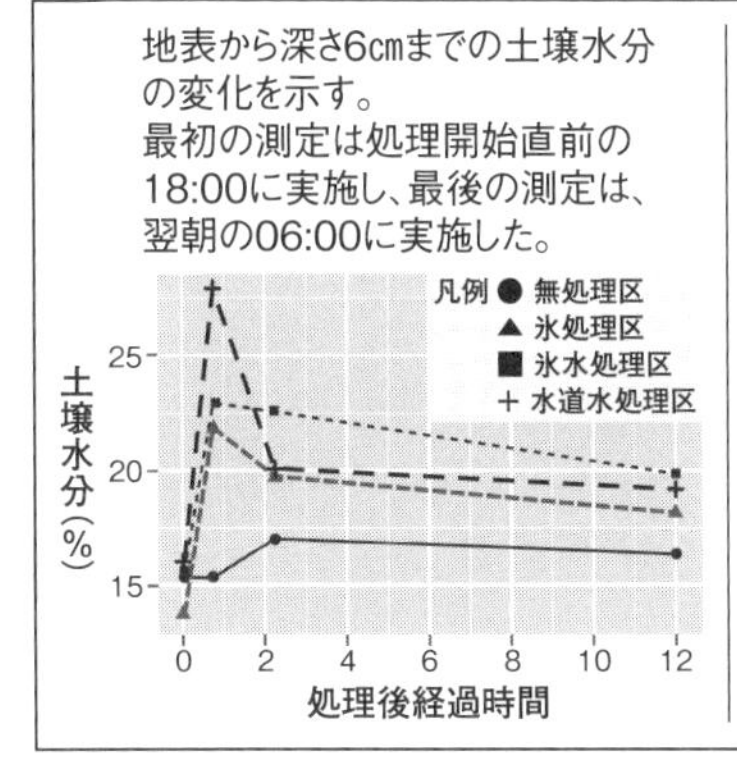

の地温低下は氷水処理区よりも氷処理区の方が大きい。同様に、日中の実験でも夜間の実験でも、700gの氷で冷やした区画は、700㎖の氷水で冷やした区画よりも、土壌水分がやや少なくなった。

ベントグラスの夏越しに地温が決定的な影響をもっていることは、既に議論の余地がない。この2つの実験で非常に驚いたのは、氷によるグリーンの冷却効果が非常に長く続く（日中では8時間、夜間の場合は12時間）ということである。筆者は、1996年夏に米国南部のミシシッピー州にあるオールドウェイバーリーGCでインターンとして働いた経験があるが、このゴルフ場のサブキーパーは、ベントグラスグリーンにドライスポットができると、そこに氷水を撒いていた。その後、ドライスポットの上に朝のうちに氷を置いておくと、氷がゆっくり融けて少しずつ水が土壌に染み込むのでドライスポットが改善するという話を何人かのスーパーインテンデントから聞いたことがあった。

今回と前回の実験は、彼らの経験を裏付けるものといえるだろう。氷水を㎡当たり780㎖撒くと、地温を数時間にわたって1～2℃低下させることができる。同様に、氷を㎡当たり780g撒くと、地温を数時間にわたって3℃低下させることができる。これだけの量の氷で、日中であれば約8時間の冷却効果を期待することができ、夜間であれば、12時間の冷却効果を期待することができる。

さて、こういった作業を日常のグリーン管理に取入れるべきだろうか？

その必要はないと思う。しかし、地温が高過ぎるためにターフの根が危険に晒されている時にはこんな手もあるのだ、という窮余の一策としての価値はあるのではないだろうか。

こうした実験を行い、実際のデータを目の当たりにして思うことは、自分がかつて千葉県でグリーンキーパーをしていた01年のことである。あのドライスポットに氷を撒けば結果が違っていたかもしれない。昼間の通行の多いあの部分にこんなことができたら、もっとよい成果を出せたかもしれない。いま改めてデータで裏づけを取ってみると、氷を使えばコンディションをもっと上げられたに違いないと感じることがいろいろと思い出される。

光合成有効放射を測定する

Measuring Photosynthetically Active Radiation

光合成に影響を与えている4つの因子、すなわち光、温度、葉身中のチッソ、それに芝草が吸収可能な水。そのうち光（日照）は、これまでのコース管理で非常に着目度が低かった。その理由は、測定が容易でなかったからだ。

芝草の生長能が気温によって支配されており（他の条件が同じなら）、そのデータを基礎として、無駄のないチッソ投与量を求められることを述べた。また、蒸発散量（ET）をベースとして土壌中の水分管理を行い、土壌水分計を利用してこれをモニターすることも先述した。気温や水分については データに基づいた科学的で合理的な管理がすでに可能だが、光については筆者もようやく勉強を始めたばかりという気分である。

光合成に利用される光は、光合成有効放射（PAR）とか光合成輻射とか呼ばれる。これは、波長が400～700nmの範囲であり、その量は、1㎡の面積に1秒間に降り注ぐ光子の数（マイクロモル）で表現されるのが普通である。同じ面積に対して24時間に降り注ぐ光子の量を測れば、日間日照量（DLI）が得られる。日間日照量は、モルで表現される。

夜間のPAR値は、0μモル／㎡／秒である（以下、／㎡／秒を省略）。夏の快晴の日、太陽高度がもっとも高くなる正午を挟んだ時間帯にPARを測定すると、およそ2000μモルとなる。最大日照が２０００、最少日照が０、日中のどの時刻における日照もこの間の値となる。

光量子計（図３‐７）で得られた数値が１９４１μモルであった時に、雲が太陽を遮ったら、日照量はどのくらい低下するだろうか？　もちろん雲の厚さや高さにもよるが、一般的にいって、ＰＡＲは１０００μモル未満になる。計器を注視していると、ＰＡＲが急激に低下して50％か、それ以下になるのを確認することができる。

では、午前10時にグリーンの上に立ち、陽光が十分に当たる場所で２０００μモルという値を得たとしよう。そしてその位置から、木立の陰へ移動して測定を行ったらどうなるだろうか？　ＰＡＲは大体１８０μモルぐらいになってしまう。光合成に利用できる光が90％以上も失われているのである。

グリーンキーパーならば、日々の気温やチッソ投与量の推移などは非常に正確に把握している。また、手段や流儀は異なっても、大抵は土壌中の水分量について何がしかの情報を持っているものである。ところが、芝草学者やグリーンキーパーがこれほど正確にＰＡＲを測定できるようになったのは、ごく最近のことなのだ。芝草の生長に日照が重大な影響を及ぼすことは誰でも知っているが、そのデータを自身で入手できるようになった。これは、ターフ管理をさらにもう一歩前進させられる新たなツールができたということである。

様々な芝草が実際にどれほどの日照を必要としているかについて、現時点では正確なＤＬＩはまったく分かっていない状態である。ある草種について、生長最適気温が何℃なのか、どの程度の肥料が必要なのか、あるＥＴの元でどのくらいの水分を必要とするのかといったことをほぼ正確に言

■図3-7

光量子計を使って簡単に日照量を測定することができるようになった。写真は快晴の日の正午ごろの測定値

い当てることができるように、近い将来は、芝草にどのくらいの日照量が必要かについて、草種ごとの正確なＤＬＩが求められるだろう。

さて、現時点では、ティフイーグルが「受忍可能な」ターフを作るためには、32・6モル以上の日照（1日当たり平均）が必要であると見られている。また別の研究によれば、ダイヤモンド（*Zoysia matrella* の一品種で葉身が細く、米国でよく利用されている）は、日陰率が65％でも「受忍可能な」ターフを作ることができるとされている。この実験が行われた場所の「全日照」条件での1日当たりのＤＬＩは約44モルであったことから、ダイヤモンドは、1日当たり15モル程度の日照でも良いプレー面を作れることになる。暖地型（Ｃ４）芝草とは異なる光合成メカニズムを有している寒地型芝草（C３）の場合、必要日照量は約半分で済む。つまり、クリーピングベントグラスであれば、おそらく1日当たり15～25モル程度の日照で良いターフになるだろう。

さて、日本の温暖な地域と米国の温暖な地域とでは、実は日照時間に大変大きな違いがある。米国の方が日照時間が長く、日本では日照のかなりの部分が雲によって遮られてしまう。１つの例としてアトランタと大阪を比較すると、年間の気温の推移はほとんど同じなのに、筆者の計算によれば、アトランタの6月の平均日照は約50モルであるのに対して、大阪では約36モルほどしかない。すでに見てきたように、ティフイーグルの１日当たりの必要平均日照量が32・６モルであることを考えると、大阪では、この芝草が辛うじて生き延びられる程度の日照しかないことになる。

アトランタにおける1年間の日照を計算してみると、１日当たりのＤＬＩが40モルを超える月は4月から8月までの5カ月もある。一方、大阪では、１日当たりのＤＬＩが40モルに達する月はひと月もない。この違いは非常に大きい。したがって、アトランタやその他の米国南部地域で素晴らしいコースを作っている数々のウルトラドワーフバミューダグラスを日本に移入する場合には、日照不足に対応するために特別な管理が要求されてくることになるだろう。

２０１２年7月31日から9月1日までの間、筆者は石垣島、沖縄本島、福岡、兵庫、大阪、および和歌山でＰＡＲの測定を３０１回にわたって行った。朝や夕方の測定もあれば、晴天の日や曇天の日の測定もあり、これらのデータは図３‐８にまとめてある。点の集団を横切るようにして引い

■図3-8

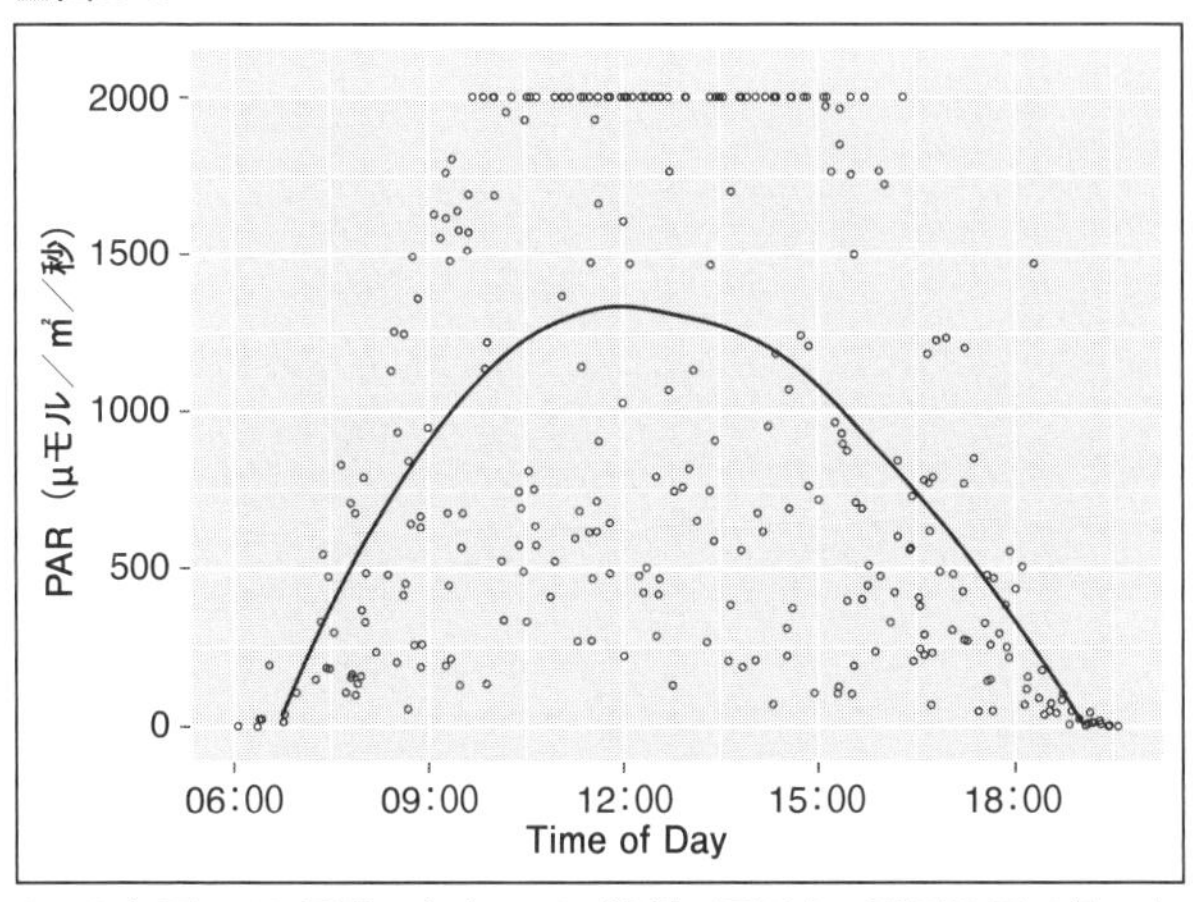

2012年夏に33日間にわたって、沖縄、西日本、関西地区で行った301回の光合成有効放射量（ＰＡＲ）の実測結果をグラフ化したもの

てある曲線は、その時刻における測定の平均値である。これら33日間の平均ＤＬＩをとってみると、その値は40モルに届いていない。こういった測定結果からも、曇天によってＰＡＲが相当に低下しており、ベントグラスやコウライには十分な日照となっているものの、ティフイーグルのような草種には生存の限界を何とか上回る程度の日照しかないことが分かる。このような状況下で樹木などによる日陰が作られれば、ＤＬＩはさらに減少するのは当然である。

芝生の育成に光が必要なことは常識以前の話だが、気温、チッソ、水などの基本条件を含めて、日照が光合成に及ぼす影響をより総合的に理解できるようになることは、グリーンキーパーにとって極めて有用な知識であることに違いない。光を測定し、得られたデータをどのように使うかについては、現在、ようやく探究が始められたところである。そういう意味で、今はグリーンキーパーや芝草学者にとってエキサイティングな時代である。

表面温度と地中温度

The Surface and Soil Temperatures of Putting Greens

気温と地温は、芝草の生長を支配する決定的因子である。と同時に、病原菌の活動を支配する因子でもある。極端な低温や高温は、それ自体で芝草を枯死させる。この項では、芝草自身の体温について考えてみたい。根は地中にあるから、地温と同じ温度と考えてよい。茎葉部は地上にあるが、この部分の体温は気温と同じではない。これは、日照や日陰、風、芝草体内の水分の状態によって体温が影響を受けるからだ。

２０１１年8月から翌年5月まで、筆者は、グリーンの地温と表面温度のデータ収集を行った。このデータ収集はほとんどが北海道から沖縄までの日本各地だったが、それ以外に6つの国で同様のデータ収集を行った。地温は地表下6㎝の温度を測定し、表面温度は赤外線温度計で測定した。これは、グリーン上の直径5㎝の範囲の表面温度の平均値として測定した。どのような芝草にも温度は重要だが、クリーピングベントグラスは、特にそうだ。ベントグラスは、地温が23℃を超えると根の機能が低下し始める。11年の夏には、日本で合計３７４の測定値を得た。地温の平均値は24・６℃であった。もう少し詳しく言うと、この時の日本のグリーンにおける地温の測定値のうち、75％以上は22℃を超えていた。北海道での測定値を除外すると、75％は23・６℃以上だった。

日本で測定したもっとも高い地温は、８月下旬に測った33℃だった。日本以外の国、タイ、フィリピン、インド、スリランカ、ベトナムといった熱帯地域の国々でも同様の測定を行ったが、これらの国々で得た地温データの最高値は、タイの32・７℃である。

タイでは、ベントグラスでグリーンを作るという発想は存在しない。暑すぎるからだ。ところが、日本ではベントグリーンが普通である。そして日本でもっとも暑い季節におけるグリーンの地温は、熱帯地域のグリーンの地温よりも高いのだ。つまり、日本においてクリーピングベントグラスのグリーンを管理しようと思うならば、夏にはどんなミスも許されないということである。日本の夏の地温は、赤道直下のバミューダグラスグリーンやコウライグリーンの地温よりも高いからである。

ターフの地上部分、すなわち芝草の茎や葉は、空気の温度や土壌の温度とは少し異なる温度環境で生活している。早朝には、葉身の温度は地温よりも高いことが多い。日没に向かう時間帯には、葉身温度が下がってくるが、地温は下がりにくいので、葉身温度よりも高い状態が続く。日本で得た３７４組の測定値は、１日のうちの様々な時刻に測定されている。これらのデータから、気温と地温の差の絶対値の平均を求めてみると、１・８℃となった。

一方、温度差の最大値は８・２℃であった。また、日本での測定のうち、温度差が５℃を超えていたケースは全部で17件あった。そしてこれらのすべてで、ターフの地温よりも表面温度の方が高かったのである。どのような条件のもとでこのように状態が発生するのかというと、夜間が涼しく翌朝は晴天という場合、あるいは比較的涼しい曇りの日に雲の切れ間から太陽が顔を出してターフ表面の温度を上昇させるが、地温が上昇するほどには日照が持続しなかった時である。

葉身の実際の温度は、赤外線温度計で測定できるターフ表面の温度と同じと筆者は考えている。そしてこの温度に着目してみると、大体が光合成に最適の気温とほぼ等しい。寒地型芝草の場合、気温が16～24℃の時に炭素の取込み量が最大化する。北海道を除く日本のグリーンの表面温度を見ると、75％が24・6℃を超えており、平均値は27・1℃、そして最高温度は37・8℃であった。ただし、注意して欲しいことがある。これらの数値の多くは早朝、刈込が終了したスタート前に測定されたものである。それ以外のデータの多くは、午後、その日のラウンドが終了した後に測定されたもの。したがって、1日のうちでグリーンの実際の表面温度がもっとも高くなる時間帯、正午前後の日照強度がもっとも高くなる時間帯の表面温度は、もう少し高いと考えるのが妥当である。実際、そのような時刻にベントグラスのナーセリーで行った測定では、39・2℃という値を得ているが、本グリーンのものではないので、374組のデータからは除外している。

日本のグリーンで測定した表面温度の最高値は、熱帯地域と同じだった。最高値は37・8℃だが、これはスリランカとタイで得た最高値と同じ。つまり、日本の夏のベントグラスグリーンの表面温度は、南アジアのバミューダグラスグリーンの表面温度と同じなのだ。こうした実データから考え

■図3-9

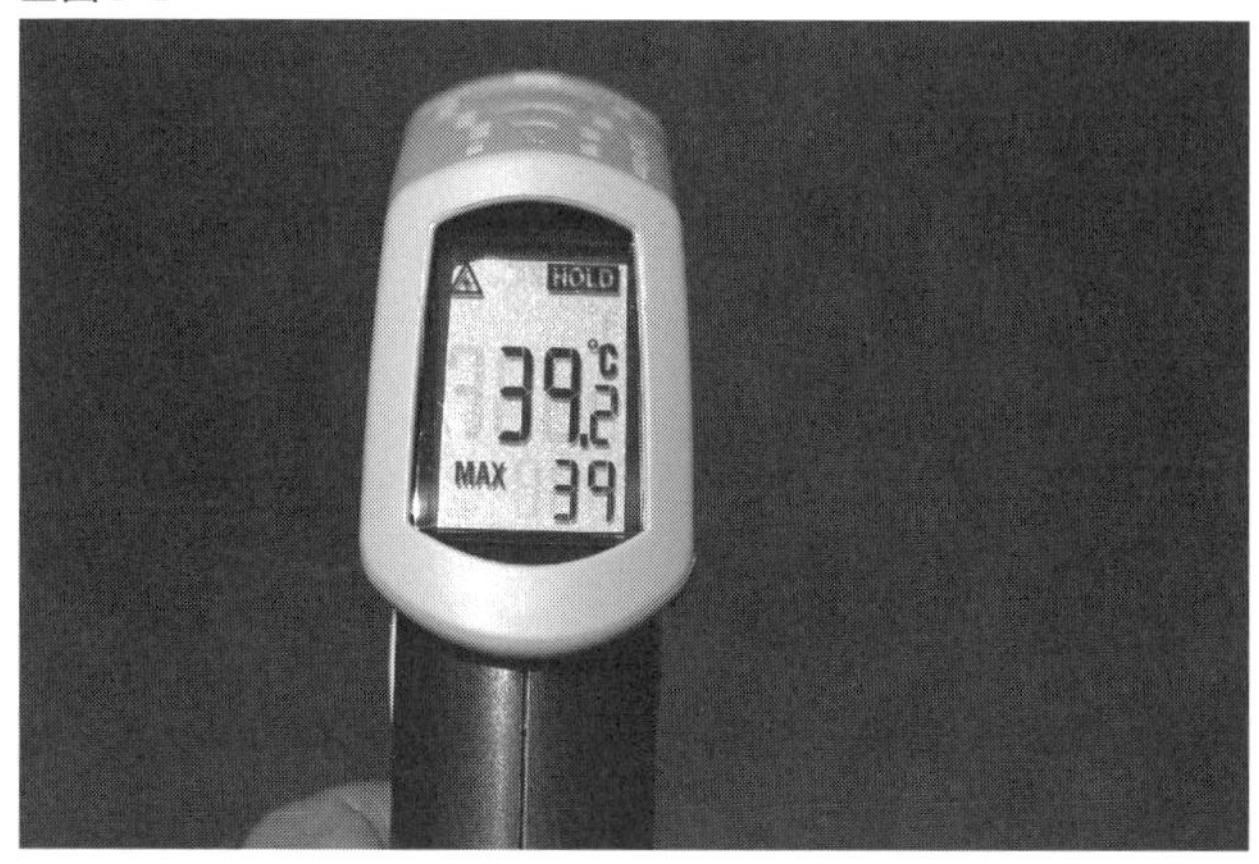

11 年夏、関東のゴルフ場のクリーピングベントのナーセリーグリーンで測定したターフの表面温度

て、真夏に日本でベントグラスを育成することが、いかに難しい仕事かということが、より一層明らかになると思う。要するに、日本のグリーンキーパーは、夏の間、バンコクやマニラやコロンボと同じ気温、同じ地温条件でベントグリーンの管理を行っているのである。

さて、こうした過酷な条件の下で、ベントグラスを首尾よく夏越しさせるにはどうしたらよいだろうか？　夏越しを成功させるためには、複数の対策を組合わせることが必要である。そのうちでもっとも重要なのは、芝草が利用できる土壌水の量を「最適」状態に維持すること。土壌中の水分が過大だと、その分は地温を高くする蓄熱剤となる。過少であれば、干魃ストレスとなり、気温が高い時には重大問題となる。

送風機でグリーンに風を送ると、芝草と土壌の両方を冷やしてベントグラスのコンディションを改善することができる。気温が高い時季には、病害が急速に進行する危険性があるから、殺菌剤の予防的な散布が必要になる。そして刈込にあたっては、モアの刃先を十分に鋭利に維持することと、カッティングユニットのローラーを無垢ローラーにすると、芝草のストレスが低減される。栄養を十分に与えること、特にチッソをシーズンを通して途切れなく投与して芝草を常に生長させ続け、ストレス期を迎える前に十分に炭水化物を貯えさせるとともに、根を発達させておくことが大切である。

米国でも、夏の気温が日本と同じようなパターンになる地域はたくさんある。そして、多くのゴルフ場でクリーピングベントグラスからウルトラドワーフバミューダグラスへとグリーンの草種転換を行っている。日本も同じようになる可能性はあるが、日本の場合、複雑な問題が2つある。1つは、日本のゴルフのハイシーズンは、バミューダグラスが休眠中でベントグラスが旺盛な時季にあたること。2つめは、米国でウルトラドワーフを採用している地域は、日本よりも日照に恵まれていることである。ベントグラスの夏越しを成功させるベストの方法は何か、ベントグラスに代えてウルトラドワーフバミューダを使うべきか、それともベントグラスの新品種を選ぶべきか。これは、日本のグリーンキーパーが今後長い期間にわたって話題とするものだろう。

気温ベースの生長能2つの例

Temperature-based growth potential: a study in 3 seasons

「芝草の生長能力（生長能）は気温に支配されている」という考え方を自分の仕事に取入れるようになって久しいが、最近ではこれが世界中のグリーンキーパーに大きな恩恵を与えるはずだと確信するようになった。この項では生長能の理解と利用について具体的な例を2つ紹介したい。

まず第1の例である。2013年4月、例年と同じく筆者はマスターズトーナメントの手伝いに出かけた。天候は良好であり、オーガスタの春にふさわしい美しい芝生であった。オーガスタナショナルGCのフェアウェイに使われている芝草は、ペレニアルライグラスである。そのフェアウェイとクリーピングベントグラスのグリーンの上を歩いていてふと気がついた。この暖かい春の空気の中で、オーガスタナショナルGCの寒地型芝草の生長能は、マスターズの開催期間中を通じて、1（最大）に極めて近い数値になっているに違いない。

ご存知の通りマスターズは4月第2週に行われる。13年のこの時季の平均気温を調べてみると、20・4℃であり、この数値から求めた寒地型芝草の生長能は1・0であった。そこでさらに、過去5年間について、同時期の平均気温を調べてみた。その結果を表3-2に示す。5年間のうち4回まで、生長能は0・99、すなわちほとんど1という値を示していた。09年は非常に寒くて生長能は低かったが、それでも0・74という数値は寒地型芝草には良い数値と言える。

これらの数値の意味をはっきり理解するために、東京の8月中旬と比較してみよう。8月13日から19日までの1週間の過去5年間について、東京の平均気温と、その気温における生長能を求めたものを同じ表3‐2に示した。13年についてみると、平均気温は29・9℃で、寒地型芝草の生長能は0・2であった。09年の同時期は気温が比較的低く、それにともなって生長能は0・4と比較的高めであった。4年間でみると、この時期の生長能は0・17から0・24の間である。マスターズ期間中のオーガスタと、8月中旬の東京とでは生長能にこれほど大きな差があることが分かる。

過去5年間のマスターズの期間中、オーガスタにおける生長能が0・74未満になったことは1回もなく、生長能の平均値は0・95であった。過去5年間の8月13日から19日までの期間中、東京における生長能が0・4を超えたことは1回もなく、生長能の平均値は0・24であった。誰もが知っている通り、マスターズ開催時のターフはほとんど完璧である。そして誰もが知っている通り、クリーピングベントグラスやケンタッキーブルーグラスなどの寒地型の芝草は高温に弱い。ここに書いたように、生長能は与えられた気温条件下でターフのクオリティがどのようなものになるのか、より正確に言えば、良いターフを作れるだけの十分な生長能力を芝草が持っているのかどうかを、明確に示してくれる。

生長能が高い時には、芝草を厳しく管理して可能な限り良い競技面を作る姿勢で臨むことができる。たとえばマスターズの場合、グリーンの刈込を日に2回以上行うことがあるし、グリーンの転圧作業はほとんど毎日行う。また、トーナメント期間中は水をほとんど与えない。これら作業のど

■表3-2 **オーガスタと東京の1週間の平均気温と寒地型芝草の生長能**

年	マスターズ開催中の7日間（ジョージア州オーガスタ）		8月13日から19日までの7日間（東京）	
	平均気温（°C）	成長能	平均気温（°C）	成長能
2013	20.4	1.00	29.9	0.20
2012	20.7	0.99	29.3	0.24
2011	20.1	1.00	29.8	0.20
2010	20.0	1.00	30.4	0.17
2009	15.7	0.74	27.5	0.40

れでも、8月中旬の東京で行えば、グリーンに甚大なダメージを与えるか芝草そのものを枯死させてしまうことになるだろう。

「なるほど。季節の違いは大きいんだ。オーガスタの春は案外涼しく、東京の8月は酷暑なんだ」と漠然とした理解もできる。しかし、生長能を計算できることで、気温が芝草の生長に及ぼす影響をはっきりと把握できる、という積極的な理解がより望ましいのではないだろうか。今日、あるいは来週の気温が、芝草の生長にどのように影響するかを具体的に把握できるということは、ターフ管理においてより良い決断ができるということであり、より良いターフ作りに繋がることである。

　さて第2の例は、秋の施肥との関連である。寒地型芝草の管理においては秋の施肥、とりわけ晩秋の施肥が重要だというのが米国では常識とされており、教科書でも雑誌記事でも講演会でも、それが強調される。しかし、生長能理論に従うならば、この施肥（葉身の生長がほぼ停止したら行うとされている）は、役に立たないか、不必要である。なぜならば、気温（生長能）が下がり過ぎて芝草が効果的に光合成を行えないからだ。

実際、最近の研究報告では、秋の施肥のタイミングを芝草の生長能の動きに合わせるべきだと示唆されるようになってきている。たとえば、11年には、ダニエル・ロイド、ダグラス・ソルダット、ジョン・スティアの共著による「制御された環境において3種類の寒地型芝草が示す低温下条件のチッソ吸収と利用」（Low-temperature nitrogen uptake and use of three cool-season turfgrasses under controlled environments, HortScience, 2011）という論文が発表されており、ここで著者らは、「クリーピングベントグラス、スズメノカタビラ、ケンタッキーブルーグラスのチッソ吸収能力は気温の低下とともに大きく低下する」と述べ、従来のような晩秋の施肥を見直すべきだという見解を示している。

また12年には、秋の施肥に関わる多数の論文を精査した研究として、ロイド、ソルダット、サム・ボーアー、ブライアン・ホーガンが「秋に投与されたチッソ肥料に対する寒地型芝草の農学的・生理学的応答について」（Agronomic and physiological response of cool-season turfgrass to fall-applied nitrogen, Crop Science, 2012）という論文を発表している。この中で、晩秋のチッソ投与のメリットはいかなる研究によっても証明されていないと結論づけている。現在行われている晩秋のチッソ投与は量が多過ぎるので、この時季の様々な要素を総合的に考慮して決めるべきであると言っている。

生長能をベースとしたターフ管理は、芝草の光合成に必要なチッソの量に直結している。これらの研究から導き出された方向性は、まさに予測されていたといってもよい。すなわち、晩秋のチッソ投与は重要ではなく、重要なのは芝草がチッソを利用できる時季に投与を行うことである。

こうした生長能的アプローチを採用しているターフ管理者は各地におり、非常に効果をあげている。ここでは、カナダのブリティッシュコロンビア州にあるペンダー・ハーバーGCのスーパーインテンデントであるジェイソン・ハインズの例を紹介したい。彼は、2012年、グリーンの管理に生長能理論を取入れて成功し、13年はフェアウェイ管理にも取入れたチッソ投与を実践した。その記録を、彼自身のブログ（http://penderharbourgolf.blogspot.ca/）から拾ってみよう。

「何事もなく、ダラースポットの危険期を安全に通過した。この管理計画は驚異的な成功であった。今まで、このフェアウェイがこんなに良い状態になったことはない」

マスターズのターフが、なぜいつもあんなに素晴らしいのか、寒地型芝草の高温ストレスが芝草の生長能力を具体的にどれほど低下させるものなのか、そして、基本的な原則とそれを裏付ける最新の研究に沿ってターフの管理計画を向上させられるという話をしてきたが、これらの理解と今後のターフ管理に、生長能は非常に有用なツールになるだろう。

Chapter 4

Soil organic matter

土壌有機物

どんなに素晴らしいグリーンでも、サッチが厚くたまると荒廃する。一方、コアリングほど競技面としてのグリーンを荒らすものはない。土壌有機物の管理方法について十分に知ることは、グリーンキーパーにとってもっとも重要なことの1つである。

有機物管理の常道は、コアリングと目砂である。しかし、最近少しずつ別の考えに傾きつつある。それは「ゆっくりと生長する芝草は、速く生長する芝草ほど多くのコアリングを必要としないし、目砂も必要としないはず」というものだ。

もし自分がグリーンキーパーであったなら、芝草をゆっくり生長させて有機物の蓄積を減らそうとするだろうと思う。それが上手くいったら次は目砂に慎重になり、コアリングをやめようと試みる。難しいかもしれない。不可能かもしれないが、そんな目標を立てるだろう。

賢いコアリングの秘訣

Coring: Do it Right, and Get Better Greens

ゴルファーの機嫌を損ねようと思ったら、グリーンのコアリングに限る。ゴルファーの楽しみに、これ以上の悪影響を与える管理作業を挙げることはできない。ストロークの半分以上は、グリーンを狙うかグリーン上で行われるから、ゴルファーにとって、コースのほかの部分が多少拙いのは許せても、グリーンがスムーズでないのは許しがたいことである。

子どもの頃、父とともによくラウンドしたが、プロゴルファーであった父は、グリーン上にスパイクの跡や、わずかな足跡が残っていても機嫌が悪かった。自分の打つボールが少しでもラインを外れる原因になるものにはイライラしていた。コアリング作業の後などは、プレーを休むほどだった。このような事情は、今の日本でも全く同じだと思う。コアリングしたグリーンでプレーしたいと思うゴルファーはいない。コース管理に関わる者としては、その辺りの心情をよく理解して、コアリングによる傷みを最小限にとどめる努力をしなければいけないだろう。

同時に、コアリングの重要性も認識しなければならない。クリーピングベントグラスの生長に、土壌中の空気は欠かすことのできないものだ。クリーピングベントグラスという芝草は非常に多くの有機物を作り出す。そのために土壌の保水性が高くなり、気相空隙が少なくなり、さらにはドライスポットが出やすくなる。一般に砂は固結を起こさない。砂でグリーンを作るのはそのためである。本来、コアリングをする理由はグリーンの固結低減ではない。有機物を取除き、代わりに砂を入れるためである。そしてそれにより、グリーンに気相率の高い縦の経路を作り、根の生長を増大させてターフをより健康にするためである。

コアリングをして何カ月も経つのに、グリーン上でまだコアリングのパターンが分かる、という体験をしていないだろうか？　孔の色は何色だろうか？　孔の色の方が周囲よりも緑色が濃くなければいけない。これにはいろいろな理由があるが、その1つは、コアリングの孔から生長する芝草の方が健康度が高いからである。コアリングの孔から、根はたっぷりと酸素を吸うことができ、栄養素を吸収することができるから、孔のパターンが分かるのである。

しっかりした根を生やした健康な芝草は、根の貧弱な弱い芝草よりもストレスに強い。そういう芝草は低刈りに耐えられるし、土壌を乾燥気味に管理しても大丈夫である。もちろん、ローラーがけをして理想的なパッティング面を作ることもできる。ゴルファーの望むようなグリーンを作るためには、ストレスに強い芝草作りが不可欠である。

よいグリーンを作るための重要な作業が、グリーンを一番傷つけるというのは皮肉なことだ。だがキーパーは皆知っているはずだ。速くてスムーズなグリーンを作ろうと思ったら、ストレスに強い芝が必要だということを。ゴルファーは何も知らないからコアリングを忌み嫌う。そこで考えたいのは、どうせコアリングをするなら最大限の効果を引き出そう、ということだ。グリーンキーパーなら誰でも、コアリングの前に必ずすべきことがある。それは、グリーン面積の何％の土壌を抜けるか、という検討である。

コアリングの回数は最小限にすべきである。そのためには1回ごとに抜く土壌の量を最大限にしなければならない。たとえば、こんなゴルフ場が実際にある。８㎜タインで３月に１回、６㎜タインで６月に１回、10㎜タインで９月に１回、そしてこれ以外に、ムクのタインで年に２～３回。コース管理スタッフにとっては大きな負担、ゴルファーにとっては大きな迷惑であろう。１年間のうちの５～６週間は、グリーンに孔が空いているのだ。だが、これだけの苦労をしてグリーンからどれだけの有機物を除去できているのだろうか？　孔空けの間隔を50㎜と仮定すると、１年間に３回のコアリングをして、グリーン面積のわずか６・２％しか孔を空けていないことになる。同じ場所に２度孔を空けないとしても、グリーン全面に孔を空けるのに15年もかかってしまう計算になる。

日本のように夏季の夜間気温が高く、ベントグラスにとって非常に厳しい場所では、もっと早いペースで有機物除去を行うべきだと思う。年間何％の面積に孔を空けるべきかという数値を示すことはできないが、キーパーとして、長期的な展望をもって良い管理をしたいと思うなら、コアリング１回につき最低でも面積の５％に孔を空けられるようにしたい。年間で考えるならば、10～20％に孔を空けるようにしたいものだ。こうすれば、５～10年でグリーン全面から有機物を除去することができる。すなわちグリーン全面をきれいな砂に入れ替えることができる。そして、日本のような難しい気候の場所でもストレスに強い、クオリティの高いプレー面を作れるようになる。

それでは、少々別の角度から考えてみよう。

■図4-1

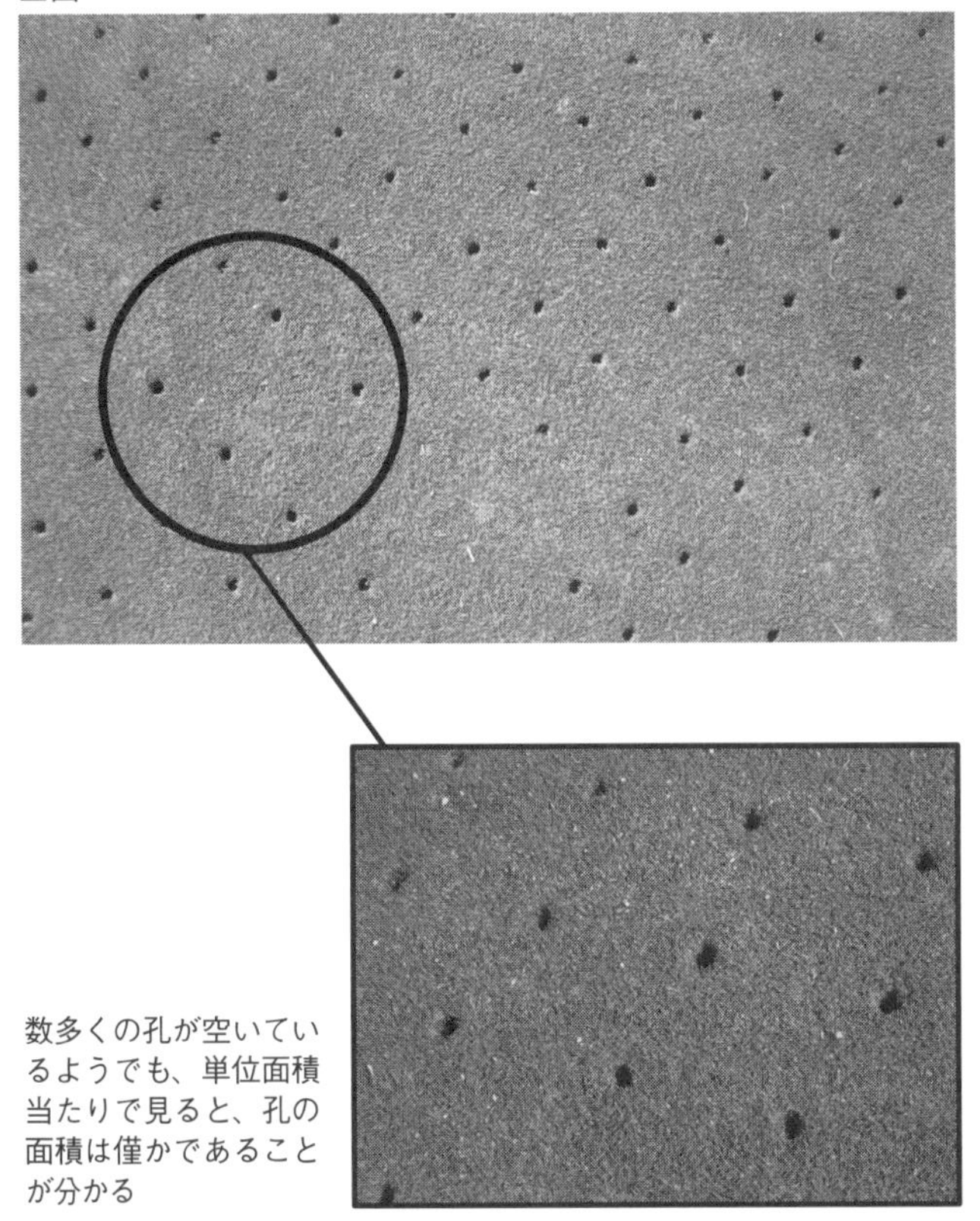

数多くの孔が空いているようでも、単位面積当たりで見ると、孔の面積は僅かであることが分かる

■表4-1
有機物の除去割合(面積比)　単位：%

		タイン内径(㎜)				
		6	8	10	12	14
孔空け間隔(㎝)	3	**3.1**	**5.6**	**8.7**	**12.6**	**17.1**
	5	**1.1**	**2.0**	**3.1**	**4.5**	**6.2**
	7	**0.6**	**1.0**	**1.6**	**2.3**	**3.1**

グリーン面積の何%から有機物を除去できるかは、使用するタインの内径と孔空け間隔とによって変わってくる。表中、灰色部分は、グリーン面積の5%以上から有機物を抜くことができる組合わせ

仮に、70㎜間隔でコアリングをすると、1㎡当たり204個の孔を空けることになる。ゴルファーは不満だろうか？　当然である。では、50㎜間隔ならばどうだろうか。1㎡当たりの孔の数は400個に増加する。これもちろん、ゴルファーは不満である。だが、不満の程度はそう変らないはずだ。さらに30㎜間隔でコアリングをすれば、㎡当たり1111個の孔を空けられる。これもまたゴルファーは不満だろう。が、たった50個の孔を空けてもグリーンコンディションは非常に悪くなるのだ。そしてどの場合も、孔の回復速度は同じである。

つまり、ゴルファーにとって、孔の数は問題ではない。孔に芝草が生えていないこと。そして、その期間の長さが問題なのだ。

要するに、賢いコアリングとは、1回ご

との孔の数をできるだけ多くすることである。そうすれば、コアリングの回数を減らすことができる。つまり、ゴルファーへの迷惑を減らしながら、健康でよりよいグリーンを作れるのだ。コアリングの回数を減らしてクオリティを上げたとなれば、キーパーは天才と称えられるだろう。

数値で見直す目砂散布

Sand Topdressing by Numbers

アメリカには、子ども向けの「ペイント・バイ・ナンバーズ」（数字お絵かき）という、塗り絵本がある。多分、日本にも同じようなものがあるだろう。紙の上にモザイク模様が印刷されており、決められた番号に決められた色を塗っていくと、1枚の絵が完成するのだが、これがなかなかによくできた絵になる。しかし、確かに感心させられる絵ではあるが、所詮、お絵かきや色塗りの練習でしかない。いくら上手にやっても、芸術作品を作る方法になり得ないのだ。グリーンキーピングも、これと同じである。

グリーンキーピングは、本質的に「技」の世界であって、「数値管理」方式で最高のコース管理を期待することはできない。しかし、データや数値が多くの場合、役に立つのは事実である。芝草科学の世界では多くの研究や調査が実施され、膨大なデータが収集され、これが科学的に整理されて、われわれのために提供されている。こうしたデータを丁寧に読み解き、理解することによって、普段の業務に役立つヒントを手に入れることができる。

とはいえ、データや科学には限界がある。製品あるいは作品としてのゴルフ場の出来不出来を決めるのは、まさしくグリーンキーパーの「技」である。そして、データや科学をきちんと利用する。学術的な原理を適切に理解し、基本的な管理ノウハウを確立した上で、現場で腕の振るいどころを判断するキーパーは、自分のイメージ通りに結果を出せるチャンスが大きい。なぜならば、データを科学的に利用することによって、通常のコース管理業務における判断基準が明確になる。そして、多くの場合に決断が容易になり、成功する確率の高い手法を選ぶことができるようになるからだ。より健康な芝草を維持できれば、余裕を持って自分の腕前を発揮できるようになるだろう。

こうした考え方を目土散布に応用してみたらどうだろう。

目土の重要性については、今さら言うまでもない。サッチを薄めるため、固結を軽減するため、透水性と通気性を改善して生育により適した環境にするため、目砂の散布は必要な作業である。ベントグリーンに関わる問題のほとんどは、根圏表層に蓄積する有機物に関連するといってよく、目砂散布はこの有機物の蓄積という問題への有効な対処法であり、ターフの生育環境を改善する確かな手段である。

さて、数字である。クリーピングベントグラスのグリーンでは、㎡当たり年間０・０１２～０・０１５㎥の目砂を投下すべきであるとされている。これは砂の厚さにして12～15㎜の量であり、体積にして12～15ℓである。グリーンへの目砂散布を数値で表現すると、薄目砂は㎡当たり０・０００１５～０・０００３㎥（厚さ０・15～０・３㎜）、中目砂は０・０００６㎥（厚さ０・６㎜）、そして厚撒きは０・００１２㎥（厚さ１・２㎜）となる。

この量は、いわゆる目砂としてグリーン全面に散布する量と、コアリングの孔の埋め戻しに使う砂の量の合計である。前項で述べたとおり、日本のような条件のゴルフ場ではグリーン面積の10～20％に相当する量のコアの除去が必要である。この目標数値は、平均的なゴルフ場なら、（営業への影響を最小限に止めるとして）１年に２回のコアリングで達成することができる。

さて、この２回のコアリングによって、深さ８㎝、グリーン面積の15％に孔を空けたとしよう。除去されるコアの体積は㎡当たり０・０１２㎥であり、新たに投下される砂の量もこれと同じである。つまり、このようなコアリングを行えば、望ましいとして推奨されている量の目砂をちょうど散布できるだけでなく、グリーンの面積の10～20％の土壌を入替えるという目標もきちんと達成していることになる。

だが、年２回だけの目砂散布で済ますわけにはいかない。たった２回では、砂の上に有機物、その上に砂、そしてその上にまた有機物という層状化が起こるからだ。目砂散布の目標は、砂と有機物とが混じりあった均一な１つの層を作り続けることにある。だから、コアリングの孔埋め以外に、定期的な散布が必要なのだ。これを達成するには、年間12回の目砂散布を行えばよいだろう。

個人的にはベントグラスの生長が旺盛な時期６カ月間、２週間ごとに薄目砂（０・０００１５㎥）

をするという方法で12回としたいところだ。この12回の散布総量は㎡当たり0・0018㎥、厚さにして1・8㎜となる。このようにして、コアリングで12㎜（深さ8㎝、面積で15％）の投下を行い、さらに生長旺盛な期間（日本なら4～6月と9～11月）に行う12回の薄目砂で1・8㎜の投下を行うことになる。酷暑期や酷寒期の目砂は避けたい。

目土散布全体の手順を工夫することも重要である。散布直後の刈込で、集草バスケットに砂が入ってくるのでは、お金を捨てているに等しい。また、砂はリール刃や下刃を極度に磨耗させる。こうした無駄や悩みを解決する方法をお教えしよう。これは研磨機のメーカーであるバーンハード社の社長、スティーブン・バーンハード氏から教えてもらった方法である。

1日目（目土散布当日）は、通常の刈高よりも10％低い刈高で（たとえば、普段4㎜で刈っているならば3・6㎜に下げて）刈込を行い、目砂散布後は散水によって砂を落とし込む。2日目（翌日）は、ローラーがけを行い、刈込はしない。3日目、通常の刈高よりも10％高い刈高で（普段4㎜で刈っているならば4・4㎜に上げて）、そしてリールと下刃との隙間を、砂の粒子の大きさに広げて砂粒が通り抜けるように設定して刈込む。4日目は前日と同じ刈高（10％アップ）で、しかし、リール刃と下刃とのすき間は通常の設定に戻して刈る。そして第5日目からは、通常の刈高に戻す。

さて、キーパー諸氏は自身自身のゴルフ場のグリーンにどれだけの砂を撒いているのか、数値で確かめてはいかがだろう？

数値で把握すれば、分かりやすくなることがある。すっきりと理解できれば、楽に作業を組める

■図4-2

クオリティの高いグリーンづくりに、目土散布は欠かせない作業

■図4-3

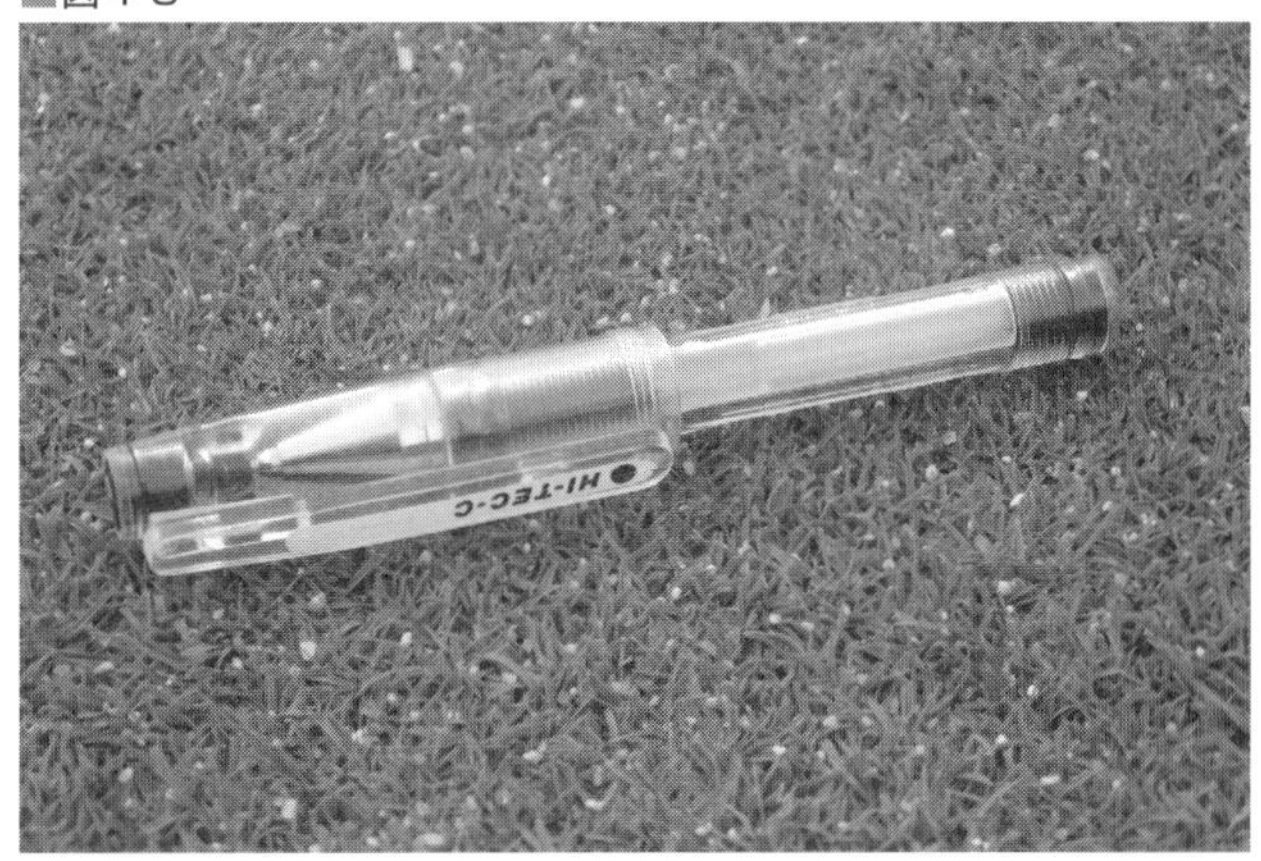

芝草が活発に生長している時期の薄目砂は、クリーピングベントグラスの生育に理想的な土壌断面構造を維持して、最適なプレーコンディションを作る

かもしれない。そして、コンディションも上がるだろう。目土散布はシンプルであるべきだし、データに基づいた管理は仕事を楽にする。そして、その分だけ腕を振るうチャンスが増えるだろう。

グリーン管理5つのポイント

The Critical Component of Putting Green Management

皆さんが管理しているグリーンは、いわゆるサンドグリーンだろうか？　砂をベースとしたグリーンにはUSGAが定めた規格をはじめとして、いろいろな仕様があるが、いずれにしても、現在のゴルフ場の多くは砂をベースとするサンドグリーンを採用している。盛土のグリーンであっても、長年にわたって目砂を散布してきているだろうから、表層土壌の組成はUSGA方式グリーンと非常によく似たものになっているに違いない。

ところで、グリーンの培養土として砂を使うのはなぜだろうか？

分かりきったことだが、保肥性がよいとか保水性がよいといった理由で砂を使っているわけではない。保肥性や保水性に劣る砂をわざわざ選んだのには2つの理由がある。第1には、砂は固結しにくいのでグリーンの上を大勢の人間が歩き回っても根圏土壌に気相を維持できるということ。第2には、砂の粒径分布を適切に調整すると、透水性が極めてよくなるからである。そのため、速やかに水を吸収させて根圏を濡らし、その後は土床底部に設けた排水路へ迅速に水を逃がすという管理ができるようになる。

このように、サンドグリーンとは大変よいシステムのように思える。それでは、このサンドグリーンを台無しにする最悪の方法は何だろうか？　答えは簡単。芝草を育てることである！　これは最近新たに仕入れたジョークだが、その真意のほどは、冗談どころか真実である。グリーンの床土として砂を使用する理由の1つは気相をたっぷりと確保すること。砂は固結しにくいという性質によって気相を十分に持っており、そのために透水性も非常によい。しかし、こういう条件を満たす場所で芝草を育成するとどうなるか？

芝草がよく育つと、その結果、土壌内部では根が密に繁茂するようになり、土壌の表層や地表では、根茎や匍匐茎が厚く堆積するようになる。表層に土壌バクテリアや菌類が繁殖し、根や茎や葉はその生命を終えて若い組織に取って代わられるというサイクルが進行する。

ひと言で言えば、砂の土壌の表層において有機物の継続的な生産が進行する。そしてこの有機物こそ、われわれが注意に注意を重ねて作り上げたサンドグリーンのもっとも重要な性質を台無しにする張本人なのである。有機物は砂の粒子の隙間を埋めて気相を減少させ、透水性を低下させる。まさに、グリーンをダメにするベストの方法は芝草を育てることになる。グリーン管理にあたっては、この逆説的なジョークをいつも頭に入れておく必要がある。

Ｃｈａｐｔｅｒ３で触れたが、オーガスタナショナルＧＣのグリーンは、１９８０年の夏までバミューダグラスだった。オーガスタナショナルがベントグラスグリーンを採用すると、日本と同じような高温多湿の夏を特徴とする米国南東部の多くのゴルフ場がこれに追従した。最初のうちこそ、ベントグリーンのパッティングクオリティの高さを喜んでいたが、90年代に入ると、この地域のベントグリーンにトラブルが頻発するようになる。当時は、多くの人がその原因をピシウム菌に求めた。ピシウム菌が根を枯らすと考えたのである。USGAではこの問題の根本解決のために調査研究を開始し、ついにジョージア大学のロバート・キャロウ博士が、問題の本当の原因はピシウム菌ではなく、床土の表層に溜まった有機物であることを突き止めたのである。

80年代に新規に造成されたばかりの頃、グリーンには有機物がほとんど存在しなかった。だが年を経るにつれて有機物の量が増加し、その〝量〟の管理を適切に行わなかったグリーンが「落ちた」のである。

では、なぜ有機物が問題なのか?

有機物が多すぎると土壌中の酸素が不足する危険がある。土壌中の水分が過剰になる危険がある。グリーンが軟らかくなって、刈込機械などからダメージを受ける危険がある。病害の活動が活発化する危険がある。そして、土壌の温度（地温）が高くなりすぎる危険がある。以上のどの危険因子も、根長の縮小や芝草の生長鈍化に直結し、ひいてはターフクオリティの低下や芝草の死滅に繋がるものである。

そこでこの項では、グリーンの有機物管理にかかわる5つのステップを解説する。

第1のステップは、個々のグリーンにどれだけの有機物が存在するのかを知ること。それが重要である。キャロウ博士は、床土の表層5㎝に存在する有機物の量（質量）を土壌の4％未満に維持すべきとしている。グリーンにどれだけの有機物が含まれるのかは、土壌分析をすればすぐに判明することだ。個人的には、土壌の表層10㎝における有機物の量を2％未満に維持したい。何かおかしいと思ったら、まず土壌分析をしてみることだ。そして、有機物の量がどのように変化していくのかを継続的に監視し、毎年データをとるようにしたい。

第2のステップは、有機物を物理的に取除くためにコアリングやバーチカットを行うことである。コアリングに際しては、グリーンの表面積の何％が「抜かれる」のかをきちんと計算する。計算は難しいものではない。タインの内径と、タイン同士の間隔（孔と孔との距離：日本ではピッチと称する人が多いようだ）が分かれば、グリーンの面積の何％から有機物を除去できるのかが分かる。個人的には、有機物管理を効果的に進めるために、グリーン面積の10～20％に当たるコアを毎年抜き取る必要があると考えている。

第3のステップは、有機物を「薄める」、すなわち目砂を散布することによって有機物の割合を下げることである。個人的には、1㎡当たり1年間に少なくとも0・012㎥（12ℓ）の目砂の散布が必要と考えている。目砂散布の詳細については、前項を参照してほしい。

第4のステップは、施肥を最適量に維持することである。チッソの投与が多すぎると生長が促進されて有機物の増加も早くなる。クリーピングベントグラスの生長最適期は、通常、春と秋。具体的には平均気温が20℃に近い時季であるが、このときのチッソ要求量は月間で1㎡当たり3g程度である。これより、気温の低い冬季や気温の高い夏季にはチッソ要求量は少なくなる。有機物管理を考える際には、肥料の種類にも大いに気を使うべきである。たとえば、すでに有機物が過剰になっているグリーンに有機肥料を与えるのは論外である。

5番目のステップは、土壌pHを5・5、またはそれ以上に維持することである。pHが5・5を下回ると土壌バクテリアの活動が阻害されるので有機物の分解が遅くなる。

以上、簡単な5つのステップであるが、実行すれば土壌中の有機物管理に必ず成果をあげることができるし、結果として、より健康で質のよいターフにすることができる。有機物管理なくして、よいグリーン管理はあり得ないのである。

サッチの定義と管理

Thatch: Definition & Management

ゴルフ場全域にわたって累積されるサッチの管理は、グリーンキーパーの重要な職務の1つだ。この項では、サッチ管理の重要性と最適化のために実行すべき環境改善について述べたいと思う。まず、サッチは何から生成されるのかについて、正確に認識をしておいてほしいので、米国の芝

■図4-4

グリーンの表層５㎝に存在する有機物の量を４％未満に維持すべきである。マクロポア、すなわち気相空隙が有機物によって塞がれてしまうと、根はエアレーションで作った孔の中以外には十分に伸びることができなくなってしまう

草科学界の視点を紹介しておきたい。本論はそれからである。

芝草に関する用語を正確に知るには、そのバイブル的な存在といえるジェームズ・ベアード博士の著書「Beard's Turfgrass Encyclopedia for Golf Courses, Grounds, Lawns, Sports Fields」であろう。

この本では、サッチを「ターフ上部の緑色の植生部と地表面との間に形成される、生きている芝草の芽、茎、根と死んだ芽、茎、根とが混在している層」と定義している。刈粕はサッチではない。

1960年代以前には、米国のスーパーインテンデントの多くが、刈粕を集めて廃棄しないとサッチが増えると誤解していた。60年代の後半に詳細な研究が行われ、葉や刈粕はサッチにならないことが明らかになった。芝草のサッチはリグニンを含んでいる組織（根茎、匍匐茎、茎）とその周囲の生きている根とが絡まりあって形成されるものである。

また、80年代には日本芝（*Zoysia japonica*〔var. Meyer〕）を対象とした研究が行われ、刈粕をターフに放置した場合でも、サッチはわずか3％しか増えないことが明らかになった。この研究論文は、米国の専門誌である「Crop Science 」に、次のようなタイトルで発表された。「Effects of Clipping Disposal, Nitrogen, and Growth Retardants on Thatch and Tiller Density in Zoysiagrass」（Soper et al., 1988）。刈粕はサッチ形成にほとんど影響を与えないというのが、現在の米国のスーパーインテンデントや芝草学者の認識である。サッチが増えるのは、根茎、匍匐茎、茎といった組織が、自然の分解速度を超える速度で形成される結果であって、刈粕を取除いてもサッチ管理にはほとんど役立たない。サッチ管理の鍵は、リグニン含有組織の生長をどう管理するか、そしてそれらの死骸の分解をどう促進するのかにある。

サッチが過剰になると問題が出てくることは誰でも知っている。プレー面が軟らかくなる。ターフの生長点が高くなる。疎水性の部分ができやすくなる。軸刈りを起こしやすくなる。根が浅くなる。特定の病害や虫害が発生しやすくなる。そして困ったことに、肥料や農薬が土壌に移行しにくくなる。反対にサッチ管理が上手くできれば、プレー面の管理や芝草の管理がしやすくなる。

以下は、科学的観点から筆者が理想と考えるサッチ管理プログラムである。全部で5つのステップからなるが、このプログラムは、芝草の生長速度をコントロールしつつサッチの分解を最大化することを狙いとしている。

①チッソ投与量を適正に維持する

具体的な投与量は立地、土壌条件、草種などの要因によって変わってくるが、どのような場所であれ、数値として求めることが可能である。肥料の種類によってチッソの放出特性が異なることに、特に注意が必要である。これまで芝草の生長能について触れているが、チッソの施肥は芝草の生長能（潜在生長力）に合わせて行うべきものである。生長能を制限しているのは気温だから、チッソの施肥量は気温に合わせて決定すべきものである。

有機肥料の使用は非常に注意深く行う必要がある。芝草管理において有機質肥料はもちろん有用だが、ゴルフ場ターフとしての質の高さを求めるのであれば、個人的には無機肥料を選びたいと思っている。その理由は、チッソの放出速度をコントロールしやすいからである。有機肥料のチッソ

■図4-5

コアリングは有機物の除去に有効で、サッチ管理には非常に重要である

放出速度は、グリーンキーパーが管理できない要因、特に天候によって大きく変わる。チッソ量をコントロールできないと、匍匐茎や根茎や茎といったリグニン含有組織の生長を早めてしまう可能性がある。

②土壌pHを最適レベルに維持する

日本のゴルフ場は土壌pHが6以下のところが多く、5・5以下のところもある。サッチ管理に関して、なぜ土壌pHを問題にするかというと、土壌pHが下がるにつれて土壌微生物による有機物分解活動が低下するからである。土壌微生物の活動はpH6～7でもっとも活発になる。コース各所で土壌pHを測定し、その結果をもとにpHの値を6程度に調整すれば、サッチの自然分解の促進を図ることができる。

③土壌の通気と水分を最適状態に維持する

土壌が濡れ過ぎて酸欠状態になると、土壌微生物の活動が低下する。土壌が乾き過ぎても、土壌微生物の活動は低下する。土壌水分を10～25％（容積率）に維持するのがよい。この範囲にある時、気相と液相の割合もバランスがよく、微生物活動を促進することができる。

④バーチカットとコアリングを行ってサッチを物理的に取除く

溜まってくるサッチは、必要に応じて除去する必要がある。

⑤目砂散布を行って、サッチを「薄める」

サッチと砂の混合層「マット」は、サッチと鉱物質（砂・土）が混ざり合った層であるが、植物にとって好適な生育媒体になると同時によいプレー面を作る。芝草管理者はこれを作るために管理を行うのである。

さて、皆さんは気づいただろうか。いわゆるバイオスティミュラント、酵素、サッチ分解促進剤といった製品にまだ触れていない。個人的な見解だが、サッチ管理の主たる努力は先に挙げた5つに振り分けられるべきだと思う。チッソ管理、土壌pH、気相と液相の管理、バーチカットとコアリングと目砂。これらについて最適と言える管理（または作業）ができて初めて、それ以外の方策を考える（たとえば米国では、土壌微生物の活動が活発になることを期待して廃糖蜜の散布が一般的に行われている）。だが、サッチ対策はあくまで前記5つが基本だ。サプリメント（補助剤）はあくまで2次的な手段であり、中心となるべきは第1次的な手段（5つの基本）でなければならない。

もう1つ注意したいのは、農薬によっては土壌微生物やミミズを減少させることだ。そのため、農薬の使用は最小限に抑えることを基本とするべきである。良好なプレー面作りには農薬散布は必要だが、むやみに薬剤を使うと、サッチが過度に蓄積するという結果を招く場合があるのだ。

サッチの形成と分解については、かなりのことが科学的に解明されている。それらの知見に基づいてサッチ管理を行えば、そう大きなトラブルもなく、よい管理ができるはずである。刈粕から形成されるサッチは無視できるほどわずかであって、刈粕とサッチを混同してはいけない。土壌pH管理と土壌水分管理は、微生物活動を活発化させる、もっとも肝要でもっともコストのかからない方法である。そして同時に、サッチを早く分解する方法でもある。

チッソ量のコントロールと目砂は、サッチ管理に重要なばかりでなく、プレーアビリティや見栄えを大きく向上させる。エアレーションやバーチカットはプレーの妨げになるから最小限にとどめたいが、サッチ管理に欠かすことのできない作業でもある。

グリーンのトラブルに共通する原因

A Common Cause for Putting Green Problems

未攪乱土壌分析というものを知っているだろうか？　この項目では、フィリピンのゴルフ場において、ベントグラスグリーンの経年劣化が、この土壌分析によって明らかになった話をしよう。

トラブル　TROUBLE

フィリピンの首都マニラから車で北へ4～5時間。バギオという町にあるキャンプ・ジョン・ヘイゴルフクラブは、この国で唯一のクリーピングベントグラスのグリーンを持つゴルフ場である。熱帯フィリピンでベントグリーン？　信じられないかもしれないが、それはこのゴルフ場が海抜1500mの高地にあるからだ。通年の平均気温が20℃をわずかに下回るという、ベントグラスには恵まれた環境だ。ただし、問題もある。年間降水量が3877㎜にも達する多雨気候なのだ。毎年、いくつもの台風がルソン島北部を通過し、その1つひとつがこのゴルフ場に大量の雨をもたらす。キャンプ・ジョン・ヘイGCでは1990年代にJ・ニクラスデザイン社によるコース改造を行ったが、開場後10年もするとベントグラスの生育が思わしくなくなった。

背景　BACKGROUND

気温条件から判断する限り、バギオ周辺はベントグラスの生育にとって素晴らしい環境である。最寒月は1月で平均最低気温が12・9℃、平均最高気温が23・1℃である。一方、最暖月は4月で平均最低気温が15・7℃、平均最高気温が25・7℃だから、ベントグラスには、まったく理想的な環境と言えるはずだ。

熱帯特有の気候として雨季と乾季があるが、今回の問題で気になったのは、トラブルが雨季だけに留まらず、乾季になっても発生することだった。乾季でもベントグラスの生育が思わしくないのだ。グリーンは薄く、藻に侵入されている。しかし、通常の土壌分析や水質検査では何も問題が見つからない。どこか他の原因があるはずである。

雨季の大雨によって、シルトや粘土などの細粒がグリーンに流れ込んで目詰まりを起こしたのではないか？　グリーン造成時の土壌ミックスに不備があったのではないか？　年間を通じてあまりにも生育環境がよいために、10年間で有機物が過度に蓄積されたのではないか？

筆者自身も、当然いろいろな可能性を考えてみたが、結局、未攪乱土壌分析を行ってみるのがいちばんと決断した。土壌サンプルを採取するために、直径5㎝、長さ45㎝の塩化ビニールのパイプを用意した。このパイプを11番グリーンに打ち込んで、地下30㎝（礫層まで）の根圏土壌を採取した。同じ操作をあと3回繰り返して、1つのグリーンについて4本のサンプルを採取した。各サンプルは、過去10年間に、ターフ表面から礫層に至る根圏土壌に何が起こったのかを、ちょうど年輪のようにそのまま記録している。

これらのサンプルの分析を、米国ニューヨーク市のHummel & Co. 研究所に依頼した。分析は、ノーム・ハンメル博士によって行われ、コアサンプルを開いて、粒度分析、透水性、気相率、毛管空隙率など土壌の様々な物理特性が調べられた。この分析の優れている点は、グリーンにあったそ

■図4-6

直径5㎝の塩ビパイプを土壌に打込んで「未撹乱土壌コア」を採取している様子

■図4-7

熱帯ながら海抜1500 mの高地のため、ベントグリーンのキャンプ・ジョン・ヘイ GC

のままの状態の土を分析するだけでなく、1本1本のサンプルをそれぞれ2つの深さレベルで個別に分析する点である。地表面から地下75㎜までの表層についての分析と、地下125～200㎜の中層についての分析を各サンプルについて行うのである。

中層は、グリーンが造られた当時にどんな材料が使われたのかを知るのに役立つ。一方、表層75㎜までの分析（地表からどの深さまでを分析対象とするかはケースバイケース）からは、芝草の栽培や有機物、目砂の散布によって土壌がどのような影響を受けてきたのか、そしてその間に、今回懸念しているようなシルトや粘土の侵入が発生したのかどうかを知ることができる。

解決策　SOLUTION

分析の結果、根圏土壌を形成する粒子の物理特性に問題があることが分かった。造成当初に使われた材料（中層125～200㎜）の土壌粒度分布を見ると、極細砂の割合が6％、粘土粒子の割合が4・5％と、USGAスペックから大きく逸脱している。シルト含有率も3・7％と非常に高かった。グリーン造成時に、何らかの異物が混入していたことは間違いなかった。だが、ターフ表面で起こっているトラブルは、それだけでは説明がつかないものだったのである。実際、USGAスペックに合わない砂で造られていても素晴らしいコンディションのグリーンはいくらでもある。

透水性を見ると、更なる問題が発見された。中層部分の透水率は1時間当たり109㎜であるのに対し、地表下75㎜までの表層の透水率は79㎜しかなかった。ＵＳＧＡの推奨透水率は１時間当たり１５０㎜超。どちらの数値もＵＳＧＡの基準に達していない。そうは言っても１時間に79㎜という数値は、透水速度としてはそれなりに高いものである。

どうやら、本当の問題は空隙率にあるようであった。表層の気相率がわずか12・６％しかなく（15％以上は欲しい）、液相に相当する毛管空隙率が28・６％もある（25％以下であるべき）。造成当初の材料（中層）の気相率は18・９％、液相率は20・９％だった。これらの数値は一応推奨範囲に収まってはいる。とはいえ、年間４０００㎜に近い雨量を考えると、とても理想的とは言えない。

グリーンの経年劣化によって表層の液相率が右肩上がりに上昇を続け、それに対応して気相率が低下したのである。気相率アップのためには、何らかの方法で、毎年、有機物の除去と目砂の散布を続けていかなくてはならない。ハンメル博士からのアドバイスはコアリングと目砂（ＵＳＧＡスペックに準拠した砂を使用）であった。基本的な目標は、毛管空隙を減らして非毛管（気相）空隙を増やし、根圏の酸素量を増加させることである。

日本への応用　LESSONS

日本では、造成後10年、15年を経過したグリーンが多い。根圏表層で気相率が低下し、相対的に液相が増加した状態となっている可能性はかなり高いと思われる。ハンメル研究所に依頼した場合の分析費用は、1グリーン4サンプルで600米ドル程度である。おそらく日本でも、これに類似する検査をしてくれる機関があるだろう。シンプルな試験として、表層と中層の有機物の含有率の違いを調べるだけでも、造成当初と現在とで、表層にどれほどの違いができたのかを知ることができる。これは非常に有用であると思う。

自コースのグリーンについてこうしたデータを持っていなくとも、ベントグラスの根には土壌中の空気が必要であって、水分過多がよくないことは理解できるはずだ。コアリング、目砂散布、ムクタインによる孔空け作業などを積極的に行って、気相の確保に努めることが必要である。このことは世界中どこへ行っても、ベントグラスを育成する上で共通のことである。

グリーンでの有機物管理

Organic Matter Management in Putting Greens

日本のほとんどのゴルフ場で、もっとも難しいことはグリーンの有機物管理である。これはデータ上からもはっきりしている。USGAでは、グリーンを造成するにあたって、土壌の保水性能が体積比で15~25%となるような砂を使用するように推奨している。一方、日本のベントグラスグリーンの土壌水分を測定してみると、平均値で25%を超えている。この水分のほとんどは、有機物によって保持されているものだ。

日本のみならず、アジア各国のゴルフ場を訪れて実際に測定を行っているが、どのサンドグリーンでも、有機物と水分は砂質の土壌の表層部分に集中しているのが普通である。筆者が土壌水分の測定をする際は、毎回ではないが、まず長さ３㎝のセンサー針を使って根圏土壌表層の水分を測定し、次に長さ７・５㎝のセンサー針で同じ場所の土壌表面から深さ７・５㎝までの水分の平均値を測定する。さらに長さ12㎝のセンサー針を使って同様に水分の平均値を測定する。このようにして測定すると、ほとんどの場合は表層３㎝の水分含有率がもっとも高く、深さを増すにつれて水分が少なくなっていく。これは、根圏の深いところほど有機物の割合が少ないという事実と一致する。

液相と気相を見た場合、根は気相が多い方がより生長する。だから、土壌表層で有機物が増えることは、表層の液相が増えて根が短くなるという基本的な問題の原因となる。理想的には、土壌の表層から根圏の最深部までは有機物濃度が比較的一定である方がよい。そのようにして根圏全体で気相が増えれば、根をより長く伸ばせる可能性が出てくる。

有機物管理は必要不可欠である。それにもかかわらず、これがもっとも難しいのは、プレーのためにグリーンコンディションを維持しなければならないからだ。有機物を減らすためには、コアリングを行ってグリーンからコアを抜き、その孔を砂で埋めるのが一般的なやり方である。コアリングとともに、目砂を定期的に散布して有機物を「薄める」ことも行われる。要は、グリーンの培地とは、砂と有機物の混合物で成り立っているということだ。そもそも、グリーンを造成する時からして、たとえば、砂80～90％に対して有機物10～20％という割合で資材の混合を行う。

出来上がったグリーンで芝草が生長を続けるにつれて、もともとの砂の割合がどうであったかには全く関わりなく、芝草の茎、地下茎、匍匐茎、根などが土壌有機物となって蓄積されるようになる。これらが砂と混じり合っていないままの状態がサッチである。砂と混じり合った有機物は砂で「薄められた」と表現される。

もし、筆者が現在グリーンキーパーであったなら、自分にできる最高の有機物管理として、以下に挙げる3つのことを計画するだろう。
①芝草を無駄に生長させない。ボールマークや踏圧から適切に回復できる生長速度を維持することを心がける。それ以上に生長させても、グリーンのコンディションが良くなるわけではなく、むしろ有機物をいたずらに増やすだけである。芝草の生長速度をコントロールする最良の方法は、チッソの施肥量と散水の量を注意深く調整することだ。チッソが増えて散水が増えれば、芝草の生長速度は速くなる。チッソが少なく、散水も少なければ、芝草の生長は遅くなる。成長抑制剤を使用するのもよいだろう。生長が遅くなることによって、チッソ要求量が少なくなる。
②コアリングで抜くことのできる面積をきちんと計算し、可能な限り広い面積を抜けるような構成（タインの内径と配置間隔）を選択する。コアリングはプレーに大きな迷惑となるから、1年間に実施できる回数は極めて限られる。土壌有機物の量が落第点にならないように維持するために、USGAでは、米国ジョージア州における研究をベースにして、毎年グリーンの面積の20％をコアリ

■図4-8
タインの内径と孔空け間隔&総面積の関係

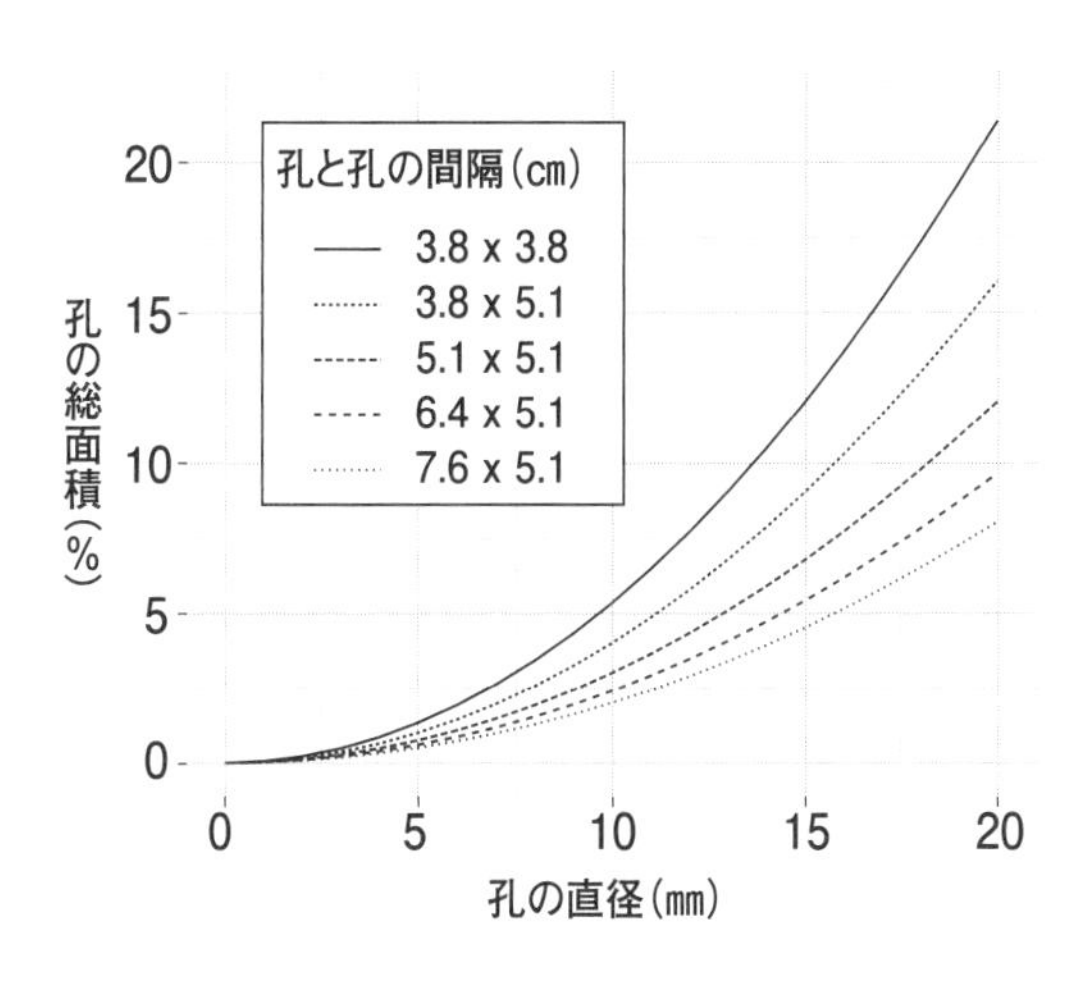

ングで抜いて、砂で埋め戻すべきだと言っている。この数値は、グリーンの表層5㎝では、有機物の含有率を4％（土壌1kg当たり40gまで）に維持しなさいということと解釈されている。米国バージニア州リッチモンドで、ベントグラスのペンA‐4を使って行われた研究でも、同じような結論が出された。

この研究内容に基づいて、エリック・アービンとアダム・ニコルズは、USGAの電子版（USGA Turfgrass and Environmental Research Online. 2011.4「Organicmatter Dilution Programs for Sand-based Putting Greens」）にて、サンドグリーンにおける有機物含有量を低下させるためのプログラムを発表し、その中で、有機物をきちんと薄めるためには、毎年、グリーンの面積の

15～20％をコアとして抜き取ることを目標とすべきであると提唱した。前ページの図は、タインの種類と配置間隔で何％の抜き取りが可能になるのかを例示している。タインの種類は驚くほど多く、タインホルダーの種類も数多いが、きちんと計算すれば、グリーンの何％を抜けるのかを数値として確実に把握できる。先に挙げた目標値から判断すると、面積比で5％未満しか抜けないようなコアリングは、単にプレーの邪魔をするだけで、有機物管理には役立たないと言っても過言でない。

③コアリングでできた孔は必ず砂で埋め戻す。そうしないと、砂で有機物を薄めることにはならず、有機物管理に役立たない。もし、グリーン面積の15％を深さ5㎝まで抜いたとしたら、この作業でできた孔を埋めるのに必要な砂の量は、1㎡当たり7500㎤（7・5ℓ）となる。これは、年間の目砂量としてギリギリ最低のレベルともいえる。先に挙げたジョージア州での研究から、USGAでは、1年間に必要となる砂の量を1㎡当たり1万2000～1万5000㎤と算出している。

コアリング用タインの口径にはいくつものサイズがある。孔を空ける間隔も様々である。この選び方によって、抜き取り面積に非常に大きな差が出てくることは前図からも明らかである。ここで知っておかなければいけない重要なことは、同じ面積に100個の孔を空けても200個の孔を空けても、グリーンの回復に必要な日数は同じだということだ。だから、孔の数をできるだけ増やす、すなわち、孔と孔の間隔をできるだけ狭くする。そうすれば、より多くの面積を抜くことができ、しかも、回復に必要な日数は同じなのだ。

こうしてより多くの孔を空けて、その孔をきちんと砂で埋め戻せば、特に梅雨期、そしてその後の酷暑の夏には、芝草のクオリティにはっきりとした違いが出てくることは間違いない。

グリーンキーパーであれば誰でも、自分のコースの刈高や、自分のコースの施肥量を覚えている。これらに加えて、次のコアリングで面積の何％を抜くのか、1年間で何％を抜くのかという数字もまた、より良い来シーズンにするために頭に入れておくべき重要なデータではないだろうか。

コアリングの最適時季

When is the best time to core aerify putting greens?

ある年の暮れ、日本の友人とコアリングのタイミングについて話し合った。

「クリーピングベントグラスのコアリングに、3月は早過ぎる。ボクだったら、回復の早い5月か6月にやるなあ」と、筆者が言った。すると、「マイカ、君は日本のゴルフ場のメンバーへの対応を知らないんだ。コアリングをしなければならないのは分かっていても、プレーのトップシーズンにやるなんて、日本では無理だ」と言われた。

ずっと以前から芝草の生長についてはもちろんすごく興味を持っていたし、日本のゴルフコース管理はどうあるべきなのかについても考えてきたから、この時の会話は鮮明に覚えている。そして毎年、冬が終わって春に向かう頃になるとこの時のことを思い出す。それは、日本では驚くほど多くのゴルフ場が、気温の上がらない、コアリングに向かない季節にそれを行っているのを目の当たりにするからだ。

芝草についての教科書「ターフグラスマネジメント」（A・J・タージョン博士著）には、コアリングが必要な理由が山ほど書かれている。たとえば、「コアリングのメリット」として9つの利点を挙げているが、それを簡単にまとめると、以下のようになる。

①ガス交換
②乾燥した土壌を適切に濡らす
③濡れた土壌を早く乾かす
④透水性を改善する
⑤根の伸長を促す
⑥芽の生長を促す
⑦土壌の層状化をなくす
⑧サッチを除去する
⑨肥料の効きを改善する

これらの利点はすべてその通りである。ただし庭の芝生、ゴルフ場のラフ、あるいはフェアウェイであっても、グリーン以外であれば、コアリングでできる孔は、芝草にとってはたいして大きなダメージではない。芝生全体にとって、そんなに破壊的なものとはならない。しかし、これがグリーンとなると話は別だ。コアリングは極めて破壊的行為である。だからこそ、どうしても必要な時以外は避けるべきものなのだ。しかも、ガス交換の改善も、透水性の改善も、根の伸長の促進も、コアリングでなければ不可能だというわけではない。タージョン博士が挙げたコアリングのメリットの多くを、たとえば、スライシングやムクタインによる孔空けといった更新作業で実現することができる。

では、筆者が考えるグリーンのコアリングとは何か。

コアリングはグリーンの土壌と有機物を物理的に取り去って別の資材（通常は砂）に置き換える行為であり、これこそがコアリング以外では決してできないことだ。その他の効果は、コアリングよりも軽い別の方法で達成することができるものだ。スライシング、スパイキングでもできることであり、コアリングに頼る必要はない。

たとえば、次のような想定で考えてみよう。東京地区の18ホールのベント1グリーンのゴルフ場。グリーンは造成後20年。芝草の状態そのものは悪くないが、地表から10㎝までの表層部の根圏土壌は有機物の割合が高く、特に表層5㎝は有機物の割合が毎年増加している。過去2年間にわたり、夏になると病気が出やすく、また根の生長が止まって、グリーンの状態が特に悪くなることが繰り返されている。グリーンキーパーは、それをグリーン表層の有機物のためと考えている。

では、どうしようか？　自分なら、この問題を4つのステップに分けて解決しようとするだろう。

①コアリングで達成すべき年間目標を立てる

ゴルファーからの苦情は最低限度に抑えたいから、コアリングの回数はできるだけ減らしたい。しかし有機物を減らすために、来るべきシーズンには、コアリングの回数を増やさざるを得ないと思われる。特に夏を迎える前に、砂で埋められた通気性の高い土壌部分をできるだけ増やしておくことは絶対に必要だ。USGAの推奨する「コアリングによる孔の総面積がグリーン面積の20%」の実現はとても難しい。20%は無理だから、年間目標を15%にしよう。

②目標達成に必要なタインのサイズと孔空け間隔を割り出す

計算してみると、孔と孔の間隔が3・8×5・1cmであれば、目標の達成は可能である。12mmのタインを使った場合には、1回のコアリングで5・8%の面積率となる。自分としては、コアリングは2回だけにとどめたい。だから、14mmのタインを使うことにする。これで、1回のコアリングで、7・95%の面積率を達成することができる。14mmのタインで、3・8×5・1cmのコアリングを行えば、2回で自分が立てた15%という目標を上回ることが可能だ。孔の深さは7cmとしたい。もちろん、砂で埋め戻す。

③コアリングによる土壌と芝草への影響を考慮する

この例の場合、全部（2回）のコアリングを梅雨前には終えておきたい。夏が来る前、しかも梅雨前までに、グリーン面積の16%が通気性のよい砂に替わっていれば、この年の夏はグリーンコンディションを相当に高く維持できる可能性が高くなるし、秋にコアリングをする必要はなくなるだろう。

④ゴルファーへの迷惑を最小限にする観点で実施時季を決める

■図4-9

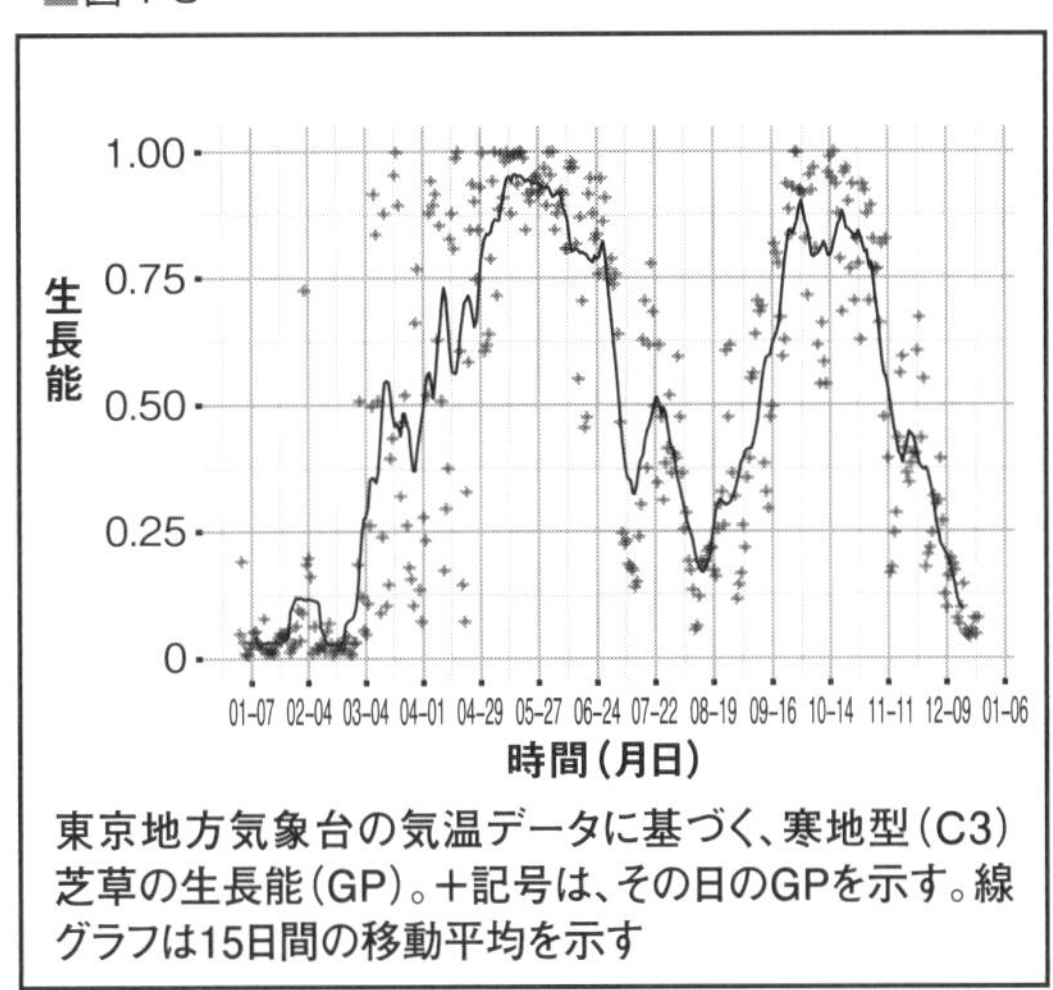

東京地方気象台の気温データに基づく、寒地型（C3）芝草の生長能（GP）。＋記号は、その日のGPを示す。線グラフは15日間の移動平均を示す

自分としては、芝草の回復力がもっとも高い時に実施したい。これは、生長能（ＧＰ）をチェックすることで時季を特定できる。図４・９は、２０１３年の東京のＧＰである。来シーズンの天候パターンも13年とほぼ同様と想定する。ここでタインのサイズも再考する。これまでの経験から分かっていることとして、生長能が０・75を超えている時季にグリーンがコアリングから回復する（すなわち、砂で埋め戻した孔の表面が芝草で覆われる）のに必要な時間は、６㎜タインの場合で１週間、８㎜と10㎜は１～２週間未満、そして12㎜以上のタインの場合は２週間以上である。

　できた孔を砂で埋め戻すのであれば、６㎜や８㎜のタインは避けたい。特に今回の想定では絶対に使わない。そんな小さな孔

に砂を入れるのは非常に難しいからだ。10㎜のタインでは、孔の間隔を3・8×5・1㎝としても、わずか4％の面積率にしかならないから、目標である15％を達成するには4回のコアリングが必要になる。仮に10㎜のタインを使った場合、必要回数が4回で、各回の回復期間が2週間では、GPがベストの時期であっても、グリーンコンディションが悪い時期が合計8週間も発生してしまう。

こうなれば、コアリングは、ゴールデンウィーク直後に1回、そして、6月半ばにもう1回ということになるだろう。これで回復時間を最短にしつつ、グリーンの夏のコンディションを大きく改善でき、秋と来春（早春）にコアリングをせずに済む。5月の連休後にプレーをするゴルファーと、6月中旬後にプレーをするゴルファーには不満が残るだろう。しかし、グリーンキーパーとしては、メンバーにこう説明する。

「この時季だけ我慢してもらえれば、そのほかの時季のグリーンは完璧になりますよ。そして、この時季にコアリングができれば、我慢していただく時間が一番短くて済むのです」

Chapter 5

Golf course playability

ゴルフコースのプレーアビリティ

芝草はどのように育つのか、どうすれば健康な芝草が育つのか、学び、考察することは大切だが、忘れてならないのは、ゴルフはスポーツであって、グリーンキーピングは競技に使う芝面を作る仕事だということである。この章では、競技面としてのグリーンに焦点を当て、いくつかのテクニックや測定を紹介する。

かつてキーパーだった頃は、芝草をしっかり育てること、病気を出さないようにすることに多くの時間を費やした。週に1回程度はプレーもしたが、グリーンの速度や硬さ、そして管理手法によってプレーアビリティがどう変わるのかはあまり多くの注意を払わなかった。

いまではそれを残念に思う。もっと競技性に目を向けていたら、もっと良いグリーンキーパーになれただろうと思う。プレーイングコンディションについて知り、それを実現するために必要な作業をやること。それが長い目で見ると、より健康な芝草を作ることになる。

ローラーがけのススメ

Roll Three Times a Week for Better Greens

ゴルフコースの中で、もっとも重要な部分はグリーンである。これについては、誰も異論はないだろう。ゴルファーなら、ストロークの半分以上がアプローチショットかパットに費やされることも常識である。そして、ビギナーからトッププロまで、〝グリーンといえばスピード〟と連想するようで、グリーンを最適なスピードに維持することは、キーパーにとっての最重要事項となっている。米国、ヨーロッパ、そして日本でコース管理に携わってきた経験から言うと、グリーンに対するローラーがけに関しては地域差があるようだ。

そこで、芝草の生育条件を上げながら目標通りのグリーンスピード達成のためのローラーがけについて考えたいと思う。

グリーンスピードについては、トーマス・ニコライ博士（ミシガン州立大学）の「グリーンのスピードコントロールに関するスーパーインテンデントのためのガイド」（The Superintendent's Guide to Controlling Putting Green Speed）という名著がある。筆者（マイカ・ウッズ）が初めてゴルフ場で働いたのは１９９３年、オレゴン州のポートランドという町にあるウェーバーリーカントリークラブだったが、ローラーがけはすでに普通の定期的な作業だった。トーナメントコースでも、管理作業の一環として頻繁に行われていた。全米オープンでは、アプローチなどの周囲部分までもローラーがけの対象となっていた（ボールのバウンドや転がり速度をコントロールするため）。海外のスーパーインテンデントと話をしていると、ローラーがけは日常作業の一部になっていると感じる。グリーンで週2~3回、定期的に行っているという印象である。

ところが日本のグリーンキーパーから話を聞くと、ローラーは持っているが機械庫に置いたままということが多い。エアレーションの後に使うのがせいぜいで、グリーンのスピード管理に使用しているという話はめったに耳にしない。これは意外であり、もったいない話である。ターフのコンディション向上に、そしてグリーンのスピードアップに、ローラーは大いに役立つ道具である。

ローラーがけに関しては5つの重要ポイントを挙げたいと思うが、実は、ＵＳＧＡがグリーンセクションレコードを発刊した１９２１年頃には、ローラーがけはいろいろと議論を呼んでいた。チャールズ・パイパーとラッセル・オークレーの共著「ターフへのローラーがけ」（Rolling the Turf）という論文は、次のような一文で始まる。「10年前は、大抵のゴルフ場でローラーがけをやり過ぎていた。おそらく、その失敗に懲りてのことであろう。近年ではローラーがけが足りないゴルフ場が多いようだ。……中略……一般的に言って、砂土壌、あるいは砂質ローム土壌のグリーンでは、ローラーがけはやり過ぎようにもやり過ぎることはないはずである」

この記事が21年に書かれていることに注目して欲しい！　ローラーがけに伴うダメージは葉身の擦切れであって、土壌の固結ではない。サンドグリーンへのローラーがけについての研究では、週7回のローラーがけでも土壌の仮比重が変わらなかったことも証明されている。したがって、ローラーがけについて知っておくべきことの第1は、サンド質の土壌であればローラーがけによって固結が発生することはないということである。

コンディションだけでなくコスト面でも効果あり

第2は、グリーンのスピードに関わることである。米国での研究によれば、軽量ローラーによるグリーンへのローラーがけにより、スピードは作業当日で約30㎝、翌日で15㎝、翌々日でも7・5㎝速くなる。作業後、48時間を経てもローラーがけの効果が持続しているのだ。その一方で、グリーンのスピードが7・5㎝速くなっても普通のゴルファーには分からない。だから、ゴルファーにも分かるような効果が出るのは、ローラーを使った当日と翌日ということになる。

第3は、ローラーのかけ過ぎによる危険もあるということ。週4回以上のローラーがけは、ベントグラスの葉身を傷つけてグリーンのクオリティを下げる恐れがある。ベントグリーンの場合、一般的には週3回のローラーがけで、芝草そのものに何らの悪影響を出さずに十分なスピードアップが図れるはずだ。ローラーがけ自体は一種の「通行」であるから、通行による擦切れに強い育成をしておかなければならないのは当然のことである。

第4としては、ローラーがけによって、葉身中の葉緑素を多めに、生長速度を速めに、根の伸長範囲を大きめに、そして草丈の低い、より健康でストレスに強い芝草にすることができる。つまり、

■図5-1

ローラーがけによる効果は、少なくとも３日間以上持続する

速度を上げられる分だけ刈高を上げられるということ。刈高を上げると生長が促進されるが、ローラーがけによって速度は維持できる。酷暑の夏に強いグリーン。ボールマークからの回復が早いグリーン。そういうグリーンを作りたかったら、もう少し多目のチッソと、もう少し高めの刈高と、定期的なローラーがけを試してみることだ。

第5は、コストに関わること。ローラーがけはグリーンの維持コストを下げる。その根拠は、刈込回数が減らせる（ローラーがけで速度が上がるため）から、グリーン刈りにかかる人件費が浮くためである。ローラーがけは刈込よりも短時間でできる。グリーン18面をモア4台で刈込むのと、ローラー2台で均すのがほぼ同じ時間である。

いつも述べているが、芝草のためにより

良い生育環境をつくることによって、良いプレー面作りを楽にできるようになる。ローラーがけは、良いプレー面作りのために世界中で採用されている一般的な方法である。週に最低1回、できれば2回か3回、生長期を通じて、他の良い管理方法と合わせてローラーがけを行えば、さらに良いグリーン作りができるに違いない。

ローラーがけについての周辺情報も挙げておこう。米国では、週3回のローラーがけによってダラースポットが減ったという報告がある。ミシガン大学の研究では、ローラーがけの回数が多い場所でコケの繁殖が抑制されたという。ローラー回数の多い（週3回）場所で、ネキリムシの害が減ったという報告もある。さらには、ドライスポットの程度を軽症化するようだという報告もある。

毎回、グリーン全面にローラーがけをする必要はない。〝ターゲットローリング〟と呼ばれるようになっているが、その日のカップ位置の周辺だけのローラーがけも実施されている。カップを中心として、直径7～10m程度の範囲である。グリーンの他の部分に余計な負担をかけずにスピードを確保することができる。

ローラーがけは、トーナメント専用の作業ではない。もちろん、マスターズや全米オープンでも使用しているし、他の主要なトーナメントでも使用しているが、通常営業時のコース管理にも即効的なメリットをもたらすものだ。グリーンのスピードアップ、芝草の健康度アップ、ダラースポットの軽減、グリーン管理の人件費軽減など、実施して決して損はないと思うが、いかがだろうか。

ロイヤルメルボルンの硬いグリーン

ロイヤルメルボルンゴルフクラブは、オーストラリアを代表するゴルフ場である。過去には石川遼が出場したプレジデントカップを開催するなど、日本でも馴染みあるコースだと思うが、メルボルンが位置する、いわゆるサンドベルト地帯にあるゴルフ場はみなグリーンが硬いのが特徴となっている。この項では、そのような硬いグリーンをどうやって作っているのかを取上げたい。

背景　BACKGROUND

2011年6月にメルボルンを訪れた時、ロイヤルメルボルンGC、キングストンヒースGC、メトロポリタンGCといったサンドベルト地帯のゴルフ場のグリーンキーパーたちに会って話す機会を得た。この辺りのゴルフ場の設計スタイルは、硬いグリーンの脇をバンカーがしっかりガードしているというものだ。好スコアには、フェアウェイからのアプローチショットの正確性が要求される。特にピンへのベストアングルをゲットする高いスキルが必要だ。グリーンが硬ければこその戦略性の高さである。

キングストンヒースとメトロポリタンのグリーンはUSGA方式である。片やロイヤルメルボルボルンはいわゆる盛土のグリーンであるが、そもそもの土が砂質なのだ。グリーンキーパーたちとの話の中心になったのは、どちらの砂がより硬いグリーンを作ることができるかであった。そして、全員の結論は、（もちろん適切に管理をするという前提で）地の砂を使う方が硬いグリーンになるというものだった。ロイヤルメルボルンをはじめとするサンドベルト地帯のコースで体験できるような素晴らしく硬いグリーンはＵＳＧＡ方式では作りにくいというのである。

ＵＳＧＡ方式のグリーンとは、「USGA Recommendations for a Method of Putting Green Construction」という文献に則って造られたグリーンである。この仕様書は04年に改訂されＵＳＧＡのウェブサイトで閲覧可能だが、コース管理者にとってはごく身近な仕様といってよい。基盤面に排水設備を作る、培地土壌の厚さを30㎝とする。そして、土壌の粒径分布が細かく規定されている。

初期生育後、ＵＳＧＡグリーンは年々ソフトになっていく。これは土壌表面に有機物が蓄積するためである。コアリングと目砂は、まさにこれを軽減するためのものである。芝草が育つ当然の結果として、30㎝厚の土壌の表面付近だけに有機物が蓄積してしまう。ＵＳＧＡ仕様のグリーンミックスは孔隙率が非常に大きいので保水力に乏しく、そのためゴルフプレーによる踏圧を受けるターフを健全に維持するためには、水も栄養分もより多く投下しなければならないという宿命がある。

さて、土壌の表面付近に有機物が蓄積する結果、土壌表層の保水力・保肥力が増大し、これに対する自然な反応として、芝草はこの部分に集中的に根量を増大させようとする（特にクリーピングベントグラスではその傾向が強い）。すなわち、グリーンでは年とともに芝草の根が浅くなる傾向が大きくなる。この自然な成り行きを、管理面と競技面から捉え直してみよう。芝草が作る有機物が土壌表層の保水力を高め、土壌表面を柔かくする。根が浅くなる結果、散水回数を増やさなければならなくなる。労なくして水を得られるので根はさらに浅くなる。砂質土壌にはドライスポットが発生しやすいから、用心深いグリーンキーパーは土壌水分をあまり下げないように管理する。

軟らかい表面、浅い根、散水回数の増加に対し、硬いプレー面を維持すべく積極的な目砂の投入、コアリング、バーチカットといった作業が実施される。これらは芝草を相当程度、痛めつける結果となるが、芝草を傷から立ち直らせ、生長を促進させることによって、土壌表面にさらなる有機物の蓄積を促すことになる。このように、USGAグリーンを硬く維持することは不可能であり、また一定程度の硬さを維持するにも大変な努力が要求される。

解決策　SOLUTION

ロイヤルメルボルンでは、地元の土（砂質土壌）で床を作り、その上に芝（コロニアルベントグラス：*Agrostis capillaris*）を張ってグリーンを作っている。コロニアルベントグラスはクリーピングベントグラスよりも縦方向への生長傾向が強く、チッソ要求量が少ない。すなわち、コロニアルベントグラスはクリーピングベントグラスほど大量の有機物を蓄積しないのである。

草種の違いよりもさらに重要なのは培地である。客土でなく、その場所の土を使ってグリーンを造

■図5-2

硬いグリーンとエッジ際まで迫るバンカーが特徴

っているので、当然ながら土壌の状態はUSGAスペックのものとは異なる。まず、USGAスペックの土壌に比較して保水力・保肥力が大きい。すなわちグリーンに対する散水も施肥も少なくて済むから土壌表面の有機物生産量も少ない。そしてその結果、きちんとした管理をすれば、ルートゾーン(根圏)の表面から深部まで、全体がより均一に水分と栄養分を含んでいるようになる。

芝草の立場から見ると、根を深く伸長させるメリットがあるということだ。土壌表面に根が集中せず、芝草は土壌の深部から水と栄養分を吸収できるから、表面を乾かしておいても問題が出ない。USGAグリーンでは表面に水が多く存在するので、乾かすとグリーンは硬くなるが、それは芝草を萎れさせる危険とドライスポットを誘発する危険がある。一方、ロイヤルメルボルンの盛土グリーンでは、表面はしっかりと乾いているが、地表下10～20㎝の深さにたっぷりと水があって、芝草はここから水分と栄養分を補給することができる。これが、乾いていて硬いグリーンの秘密である。

気温についても少し考察してみよう。メルボルンの11月の平均気温はおよそ17℃である。もっとも高温となる月でも平均気温が23℃にしかならない。コロニアルベントグラスのような寒地型芝草にとっては最高の条件といえる。芝草の生長能が高い時季には、芝草は大きなストレスに耐えることができる。栄養素をカットする、刈込回数を増やす、転圧を繰返す、そして土壌表面を十分に乾燥させるといったトーナメントに付き物の管理にも耐えることができる。

盛土（盛り砂）、コロニアルベントグラス、そしてメルボルンの理想的な気候条件が、素晴らしいグリーンコンディションの秘密であった。こんな寒地型芝草の天国でも、キングストンヒースGC、メトロポリタンGCなどのゴルフ場では、1年を通じてメンバーを納得させるようなグリーンを維持するのは大変だという。この土地に来てみると、丁寧に造った盛土グリーンの方がUSGAグリーンよりもはるかに容易に硬いグリーンを造り出せることに改めて驚いてしまう。

日本への応用　LESSONS

日本の場合、グリーンといえば多くがUSGAふうの造りになっている。既述の通り、この手のグリーンの硬さを制限するのは表面に蓄積する有機物であり、それが原因となって起こる保水性の増大と根の集中である。筆者の調査した日本のグリーンのほとんどは、地表下10～20㎝の深さの水分含有量よりも地表面0～10㎝までの水分含有量の方が大きかった。これはUSGAふうグリーンでは当然の成り行きだから、硬くて質のよいパッティング面を求めるならば、土壌表層からの有機物除去を熱心に実行することがどうしても必要である。

グリーンの転圧を科学する

Rolling Greens: What do the Data Show?

現在の芝草管理では、過去の経験をデータ化し、現状も極力データ化することで、より客観性の高い、合理的な手法を模索していくことが主流である。この項では、転圧に関わるデータを取上げてみよう。

コース管理に関して、日本と外国とで大きな違いがある。その代表的な例が、グリーンのローラーがけだ。ベントグリーンを対象にした米国の調査データでは、シーズン中の週3回までのローラーがけは、グリーンスピードを高め、芝草を傷める危険はほとんどないとある。これを基に、多くのゴルフ場が刈込回数を減らし、ローラーがけの回数を増やしてクオリティアップに成功している。

今では、たとえば刈込を週3～4回に減らし、代わりにローラーがけを週3回行うなどということが常識化している。

グリーンが速くなり、土壌固結への影響はほとんどないから、転圧のメリットは非常に大きい。まず、ゴルフ場管理に使用される「軽量ローラー」から始めよう。一般に用いられている製品の重量を見ると、ハツタのHGR40Aは500kg、SGR40Aは220kgである。グリーン用の機械のほぼすべてが、この重量範囲の中に納まる。トゥルターフR52‐ELT電動ローラーは490kg、ミシガン大学でこの20年間現役で使われてきたオレース（現在はなくなった会社）の製品は430kgである。トロのグリーンプロ1200ローラーは240kg。筆者がデータを入手することができたその他のローラーも、210～345kgであった。したがって、いわゆる軽量ローラーの中でも軽い製品は300kg以下であり、もっとも重い「軽量」ローラーは約500kgである。

土壌の固結はどうか。1921年のUSGAグリーンセクションブリテンにおいて、チャールズ・パイパーとラッセル・オークレイの2人が、「土壌が濡れていない限り、一般的に、砂質土壌や砂質ローム土壌において、転圧のやり過ぎということは事実上ない」と、述べている。その通りだ。なぜ、グリーンの培地を砂で作るのか、もう1度思い出して欲しい。砂は固結しない。だから、砂は固めることができないのである。米国で継続的なローラーがけ作業について、何人かの研究者によるそれぞれの実験結果が発表されているが、どれも固結を助長しないという結論を出している。

ペンシルバニア州で行われた研究では、USGA仕様の培地と盛土の培地において、週1回、ま

■図5-3

重量200～500kg程度の軽量ローラーを使ってのグリーン転圧は世界中の多くのゴルフ場で普通に行われている管理作業である

たは2回の転圧作業を2年間にわたって行った。土壌の仮比重に変化はなく、また透水性にも変化は見られなかった。仮比重は単位体積当たりの土の質量（たとえば、g／㎤で表す）であり、固結を測るよい尺度である。次に、ミシガン州での実験では、先に挙げたオレースのローラー（430kg）を用いて、1週間に3回の転圧を6年間にわたって行った。対象とした土壌は砂とピートの80：20混合土、砂とピートと普通土の80：10：10混合、それに普通土壌の3種類である。使用品種はペンクロス。ローラーがけは雨の日にも行われた。しかし、ここでも、土壌の仮比重、透水性ともに、何の変化も見られなかったのである。もう1つ、ノースカロライナ州では、USGA仕様のグリーンと通常土壌のグリーンでペンクロスを栽培し、これらのグリーンを1週間に1回、4回、または7回転圧するという過程を2年間にわたって繰り返した。USGAグリーンでは、ローリングによる仮比重の増加は認められなかった。しかし、1週間に4回の転圧を行った区画ではターフの目視品質が4％低下し、7回行った区画では目視品質の低下が6％であった。

サンドグリーンへのローラーがけは土壌固結を引き起こさない。また、週3回のローラーがけでターフの品質が落ちる心配はない、と比較的確信をもって言えるのではないだろうか。そして、1週間に4回以上の転圧は、ターフの品質を少し低下させる可能性があるということも言える。

ローラーがけのメリットは何か。ダラースポットの抑制、ドライスポットの減少、コケの減少はどうだろう？　ミシガン州のリポートでは、グリーンの速度の上昇と平滑度の向上という顕著な効果に加えて、前記すべてをローラーがけのメリットとして挙げている。このテクニックを常用しているグリーンキーパーは、今日では、労働時間の短縮（ローラーがけは刈込よりも短時間でできる）、芝草の健康度の向上を意図している。

グリーン表面の硬さとスピードとの関係については、筆者自身が実測したデータがある。表面の硬さはクレッグハンマーを用いて測定した。これは表面の固結を測定するものではなく、プレーアビリティに関わるグリーン表面の「しっかり」度を表すものだ。平均的なグリーンをクレッグハンマー（177ページ参照）で測定すると、Gｍａｘという値がほぼ80～100の間を示す。軟らかいグリーンだと70台や60台の値にもなるし、硬いグリーンでは100を超える。グリーンにローラ

■表5-1

場所	草種	刈込前	刈込後	転圧後	転圧後のGmax上昇率	刈込後	転圧後	刈込後の速度上昇率
		クレッグハンマー（Gmax）			%	スティンプメーター（cm）		%
日本	クリーピングベントグラス	95	97	98	1	287	356	24
米国	クリーピングベントグラス＋スズメノカタビラ	88	87	89	2.3	352	411	17
米国	クリーピングベントグラス＋スズメノカタビラ	83	85	85	0	356	396	11
ベトナム	シーショアパスパラム	－	87	86	−1.1	203	238	17

4つのグリーンの表面の硬さと球速をローラーがけの前後で測定して得た値を示している

ーがけを行っても、この数値はごくわずかしか上昇しない。筆者が測定したグリーン4面では、ローラーがけによってGmaxは0・55%上昇した。

グリーンの速さはスティンプメーターで測定するが、この値は転圧の前と後で大きく異なる。上表4つのグリーンの平均で言うと、グリーンのスピードは17%以上も上昇した。ローラーがけがグリーンのスピードに及ぼす影響（17%アップ）とグリーンの硬さに及ぼす影響（0・5%アップ）を相対的に見ると、メリットがデメリットの30倍あるといえないだろうか（17÷0・5）。

表中の日本のグリーンを見てほしい。この測定を行った日、このグリーンは1カ月以上にもわたってローラーがけを全くしていなかった。一方、カリフォルニアの2つのグリーンは1年中転圧をしているにも関わらず、Gmaxを見ると、ローラーがけをしていない日本のグリーンの方が10％も硬い。1週間に何度もローラーに圧迫されているにも関わらず、軽量ローラーによる転圧は、グリーンの硬さにごくわずかしか影響を与えないし、土壌の仮比重も増大させないことは、ここに挙げた全てのデータが語っている。こんなウマイ話があるの？　と言いたくなるのではないだろうか。グリーン速度が17％アップし、刈込時間を短縮でき、ダラースポットは出にくくなり、ドライスポットも減少し、芽数も増えて、より健康でクオリティの高いターフになるだろう。データは、そう語っている。

グリーンの速さを正確に測る

Green Speed and the Brede Equation

グリーンの速さはスティンプメーターで測るものと相場が決まっている。ただし、「速さ」と表現するものの、実際に測定しているのはボールの転がり距離である。スティンプメーターの使用が一般化したのは、１９７０年代も後半になってからである。そして、スティンプメーターの使い方は、その製造元兼販売元であるＵＳＧＡによって一義的に厳しく決められている。

スティンプメーターによる測定は、グリーンの中の比較的平坦な場所を選んで行われる。３個のボールを同じ方向に転がし、各ボールの停止位置が相互に20㎝以内になることが必要である。次に、反対方向に同じことを行う。ここでもやはり、3個のボールの停止位置が相互に20㎝以内になることが必要である。両方向の転がり距離の差が45㎝以内であれば、これらの数値の平均値を求めてそのグリーンの速さとする。以上がスティンプメーターによる「正しい」測定方法である。だが、多くのグリーンはフラットではない。ほとんど例外なく、グリーンにはわずかな、あるいはそれなりの勾配がついている。グリーンの中に平坦な場所を見つけるのは難しい。

傾斜面で何が困るのか。下り斜面ではボールに加速度がついてしまう。上下方向ではなく、斜面を横切るようにボールを転がせば、重力の影響でボールが曲がる。この厄介な問題を解決したのが、ダグラス・ブリード博士である。彼は実験室と実際のクリーピングベントグラスグリーンの両方で実験を繰り返し、この重力加速度の影響を補正するためのごく簡単な式を考案した。ブリード式を使えば、勾配のあるところで測定をしても、そのグリーンの正確な速さを求めることができる。

実際に使ってみると、実に有用である。この式のおかげで、筆者はこの1年間で数百面のグリーンの速さを正しく測定することができた。グリーンに立って、スティンプメーターが使える程度に平坦なエリアを探すのは存外に難しい。正反対の2方向から測定してその距離の差が45㎝以内というのは、非常に厳しい要求なのである。まして「速い」グリーンで測定するとなると、この条件はより厳しいものになる。しかし、ブリードの式を利用すれば、平坦でないグリーンでも正確なデータを収集することができる。

■表5-2
計算方式

方式	計算式
USGA方式	$S_u=(a+b)/2$
ブリード式	$S_b=(2ab)/a+b$

Su：USGA 方式での速さ
Sb：ブリード式での速さ
a　：ボールの転がり距離（上り方向）
b　：ボールの転がり距離（下り方向）

「ブリードの式」を上手に使うコツは、横勾配のない、真っすぐな上りと下り方向で測ること。そして、傾斜が比較的一定で、勾配が6% 未満の場所を選ぶこと

1つの例として、筆者が2011年の8月から9月にかけて日本のベントグラスグリーン243面の速度をスティンプメーターで測定した時の体験を述べてみたい。実際にはベントグラス以外のグリーンの測定もたくさん行ったが、今回はベントグラスのメイングリーンだけを取上げる。全部で243回の測定のうち、転がり距離の差が45㎝以内であったのは、58回（24%）で、残りの185回（76%）では、転がり距離の差が45㎝を超えたのである。

じっくりと時間をかければ、もっとフラットなエリアを発見できたのかもしれない。だが、それは口で言うほど簡単なことではない。できるだけフラットなエリアを選んだし、ほとんどの場合は、キーパーに同行してもらって測定場所を決めたのである。言い換えれば、

従来の「正しい」方法で測定することは、大抵のグリーンでは難しい。従来通りなら58カ所の測定値しか得られなかったところを、２４３カ所のデータが得られたのは、まさにブリードの式のおかげである。

次ページの図５‐４から分かるように、２方向からの転がり距離の差が45㎝以内の時には、ＵＳＧＡの計算式でもブリードの計算式でもほとんど同じ結果が出る。図５‐４の中の各点は、筆者が行った２４３回の測定の中の１つの値である。平坦なエリアでは２つの式から得られる値に差がないが、傾斜面で２方向からの転がり距離の差が大きくなってくると、得られる値の差が急激に大きくなってくる。上り勾配と下り勾配での読みの差が、たとえば３００㎝になると、ＵＳＧＡ方式で計算した値は、ブリード方式での値よりも約２フィートも「速く」なってしまう。

転がり距離の差と、スティンプメーターの読み値の関係は、図５‐５を見てもはっきりする。この図でも、各点は、筆者が行った２４３回の測定の中の１つの値であり、それぞれについて、ＵＳＧＡの計算式とブリードの計算式とでボールの「速さ」を計算したものである。小さい円が示しているように、２方向の距離の差が小さい場合には、どちらの式を使ってもグリーンの「速さ」はほぼ同じになる。しかし差が大きくなると、大きい円が示しているように、ＵＳＧＡの計算式ではグリーンの速さが速く出てしまう。

ちなみにこの測定データを簡単にまとめておこう。測定場所は、北海道から沖縄まで様々なゴルフ場である。全体の25％のグリーンは速度が７・８フィート未満であった。中央値（平均的な速さ）

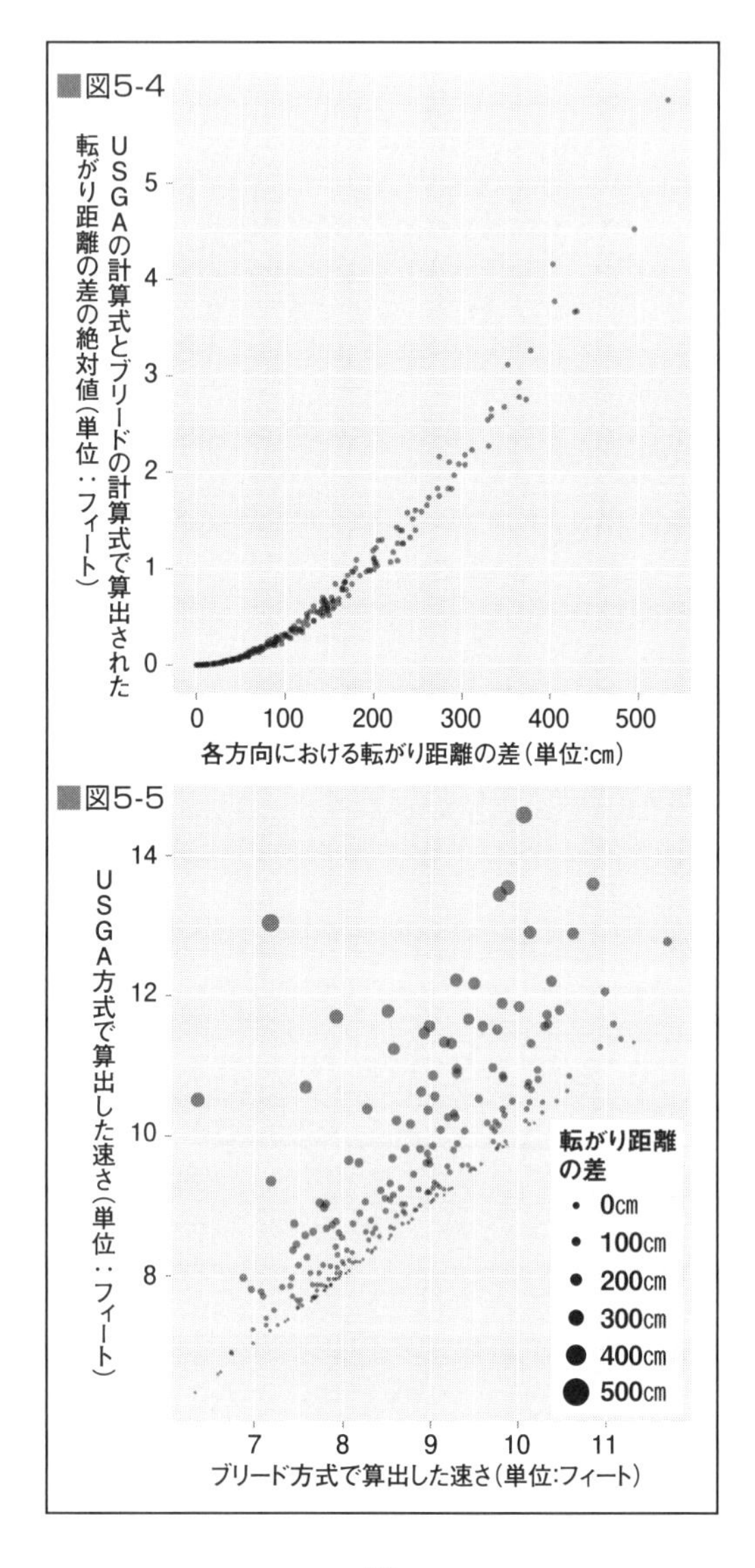
■図5-4
USGAの計算式とブリードの計算式で算出された転がり距離の差の絶対値（単位：フィート）
0
1
2
3
4
5
0
100
200
300
400
500
各方向における転がり距離の差（単位:cm）
■図5-5
USGA方式で算出した速さ（単位：フィート）
8
10
12
14
7
8
9
10
11
ブリード方式で算出した速さ（単位:フィート）
転がり距離の差
0cm
100cm
200cm
300cm
400cm
500cm

は8・6フィート。測定値の半数（50％）は7・8～9・5フィートの範囲に分散しており、9・5フィートよりも速いグリーンは25％あり、もっとも速いグリーンは11・7フィートであった。スティンプメーターでの測定値が7・5フィートを超えるグリーンは、通常のメンバープレー用の中程度の速さのグリーンとされ、8・5フィートを超えると速いグリーンとされる。このデータからは、夏の盛りであっても、日本のグリーンの多くは中程度、ないしは速いグリーンと言われるコンディションに管理されていたことが分かる。

これだけのデータを実測で得ることはできたのは、まさに傾斜による重力加速度を正しく補正してくれるブリードの式があったおかげといってよい。グリーンキーパーがグリーンの速さを測定する時、そして特に傾斜のあるグリーンの速さを知りたい時、このブリードの式が大変に役立つだろう。

クレッグハンマーとグリーンの硬さ

The Clegg Hammer and the "Hardness" of Putting Greens

グリーンにはいろいろな評価の基準がある。「速さ」（スティンプメーターの数値）も、その1つである。その他、「滑らかさ（smoothness）」はボールが転がる時の上下の動きであり、「素直さ（trueness）」はボールが転がる時に左右にブレずに真っ直ぐに転がるかどうかである。そしてもう

1つ、「硬さ（hardness）」、あるいは「しっかり感（firmness）」がある。この項では、この硬さについて考えてみたい。

グリーンの速さはスティンプメーターで測定する。滑らかさと素直さは、計器による測定が難しいので目視評価ということになる。

硬さ、あるいはしっかり感は、表面の固結程度であり、これは器具による測定が可能である。日本のゴルフ場では、山中式土壌硬度計が利用されていることが多い。これは、器具の先端部を土壌に突き刺し、その時の深さ（㎜）と土壌の反発力（kg／㎠）から硬度を計算する特殊な装置である。米国では、トゥルファームという器具が、使用されている。先端がゴルフボールの形をしている金属製の円筒をグリーンに落下させ、凹み（＝ボールマーク）の深さを測定する。硬いグリーンでは、0・28インチ（7㎜）、軟らかいグリーンでは、0・47インチ（12㎜）程度になる。

筆者はクレッグハンマーという器具を使用している。米国、オーストラリア、ニュージーランド、英国で広く使用されている器具である。いろいろなタイプがあり、原理はすべて同じだが、グリーンに落下させるハンマー（錘）の質量や先端形状が異なる。筆者のものは英国とオーストラリアのゴルフ場で広く普及しているタイプで、先端がドーム型をした質量500gの錘を、55㎝の高さから筒を通してグリーンの上に落下させる。ハンマーはスチール製で加速度計を内蔵しており、グリーンに衝突した際の最大加速度を自動的に記録する。測定値は、加速度10を掛けた数値で、GmまたはGmaxという単位で表記される。

■図5-6

クレッグハンマーのベース部分。中央に見えるのが質量500gのドームヘッドハンマー

数値が低いと軟らかく、高いと硬いことを意味する。1つの目安として、90Gmax未満は軟らかく、90を超えていれば硬いという判断になる。2012年にロイヤルリザム&セントアンズで開催された全英オープンでは、この硬さの目標値が100～120Gmaxと設定されていた。ちなみに、通常のメンバープレー用の設定目標値としては、85～100もあれば十分と思う。

以前、筆者は日本の137のグリーンの硬さ（Gmax）を測定した。この時は、グリーン奥で横方向に3カ所、中央付近で同様に3カ所、そしてフロント部分で3カ所、合計9回の測定を行った。したがって、全部で1100ほどの測定を行ったことになる。この時の結果をまとめたものが181ページの図5-8だ。もっとも低い数値

■図5-7

2011年の全英オープンにて。会場となっているロイヤルセントジョージズGCでグリーンの硬さを測定すべく、クレッグハンマーを落下させている。人物は英国のスポーツターフ研究所（ＳＴＲＩ）の農学者スチュアート・オーモンロイド

は57、もっとも高い数値は124だった。この数値だけであれこれ言うことはあまり意味がないが、1つ驚いたことがある。それは、グリーンの硬さと土壌水分との間に、予想したほどの相関が見られなかったことだ。ベントグラスのデータ（図5‐9）を見ても、それがよく分かる。

しかし、雨が降ればグリーンが軟らかくなることはグリーンキーパーであれば誰もが知っている。グリーンの水分が増えるにつれてグリーンが軟らかくなるのは当然だと思われる。図5‐9は、日本のベントグリーンにおける861回の測定をまとめたものだが、土壌水分の最高値がおよそ35％までの範囲では、軟らかいグリーン、硬いグリーンといろいろあるものの、土壌水分が35％を超えると、グリーンの硬さが急激

■図5-8　2011年8月から9月にかけて、日本で行ったクレッグハンマーによる1096回の測定をまとめたヒストグラム

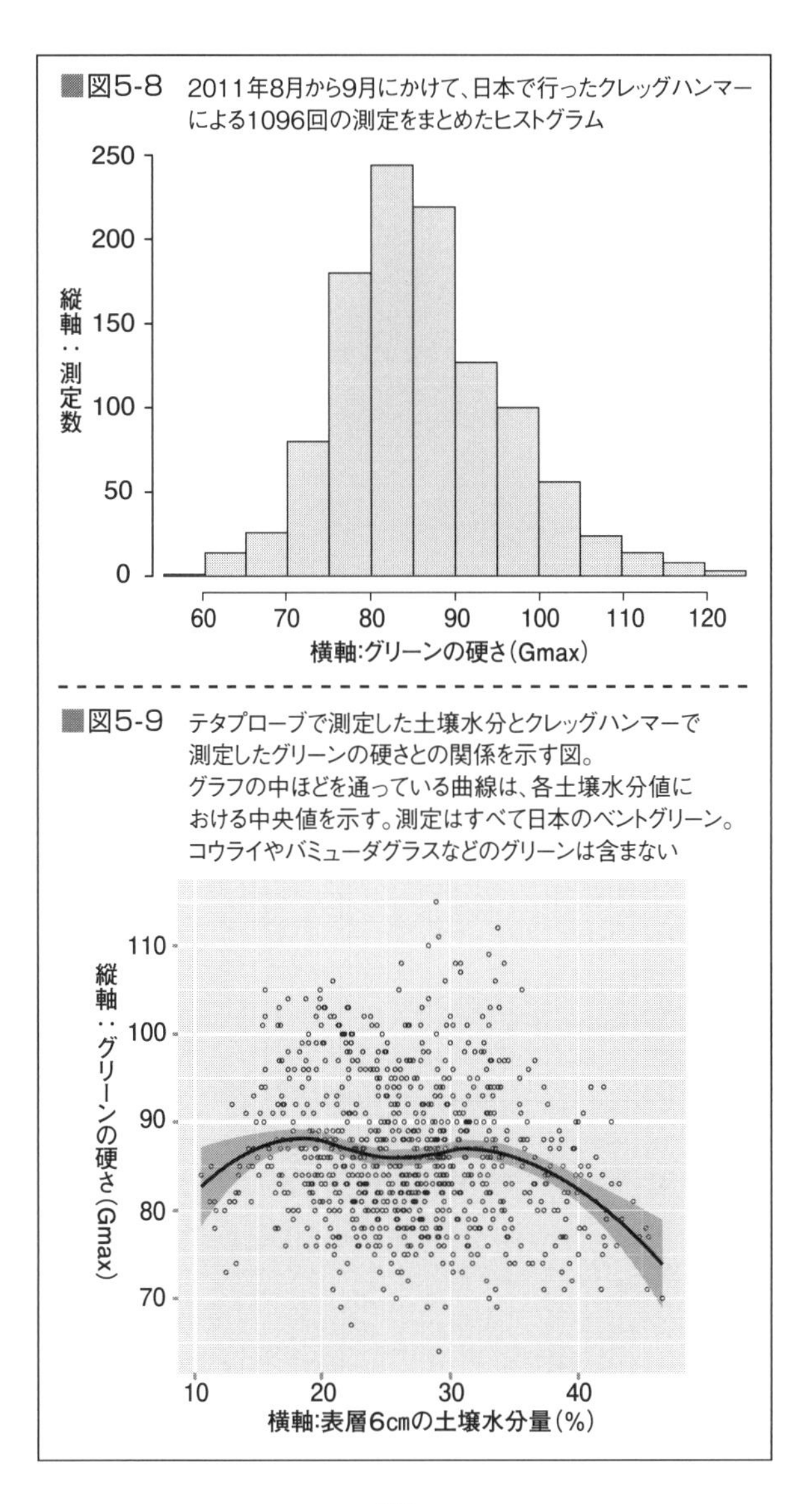

■図5-9　テタプローブで測定した土壌水分とクレッグハンマーで測定したグリーンの硬さとの関係を示す図。
グラフの中ほどを通っている曲線は、各土壌水分値における中央値を示す。測定はすべて日本のベントグリーン。

コウライやバミューダグラスなどのグリーンは含まない

に失われることが分かる。このデータをどう解釈すべきなのか。個人的には、有機物管理や目砂散布によって、グリーンの保水力の上限を35％未満に維持するのがよい、と考える。そのような管理を行えば、たとえ大雨が降っても、グリーンの硬さをコントロールできる。逆に、土壌の保水力（毛細管孔隙の割合）が高すぎると、まとまった雨が降った場合、どんなに腕の良いキーパーでも手の打ちようがなくなり、硬いグリーンを作れない。

このデータでもう1つ驚いたのは、土壌水分が15％未満のグリーンの中に、軟らかすぎと思われるものが散見されたことだ。これは、砂の粒子が凝集しているか、有機物の影響ではないかと思われる。海岸の砂浜を考えると、水に濡れていない部分は締まりが悪く（軟らかく）、波打ち際の濡れた砂は締まりがよい。もしかすると、これと同じようなことが起こっているのかもしれない。これらのデータ（図５‐９）を見ていてそんなことが頭に浮かんだ。

硬いグリーンが速いグリーンであるとは限らない。実際、これまで述べてきた測定からも、そのような関係は見られない。我々は常識的に硬いグリーンが速いグリーンだと思いがちだが、そうではない。しかし、基本的には、有機物を減らし、目砂を増やすことによって硬いグリーンを造ることが王道である。これらの作業は、毛細孔隙の割合を35％未満に維持するのに有効である。軟らかいグリーンは、有機物と水分が多いと考えるのが妥当である。

グリーン速度のばらつき

Green Speed Variability

スティンプメーターで測定した1番グリーンの速度が8・9フィート（270㎝）、2番グリーンの速度が9・2フィート（280㎝）であったとしたら、1番グリーンよりも2番グリーンの方が速いのだろうか？　これがこの項のテーマである。答えは、「ノー」であると最初に言っておこう。そしてここから先は、なぜ「ノー」でなければいけないのかという検討である。

ところで、グリーンの速度を調べることは、スティンプメーターの使い方のうちの1つでしかない。そもそも、1970年代後半にUSGAがスティンプメーターを開発・導入した背景には、競技場としての一ゴルフ場において、各グリーンの速度がどの程度揃っているのかを評価したい目的があった。ある年の、ある季節の、あるゴルフ場で競技会が開催される場合、そのゴルフ場のグリーンには、そのグリーンに最適な速度というものがあるだろう。それを知ることができ、全部のグリーンの速度が最適であれば、そのゴルフ場の競技性はもっとも高くなる。

グリーン間においてこのような均一性を維持することは、ゴルファーに対してフェアな課題を課すことになる反面、グリーンキーパーに対しても1つの課題を課すことになる。全部のグリーンの速度を同じにするには、刈込、転圧、バーチカット、目土、施肥、散水など、ターフ管理作業のあらゆる側面に繊細な注意を払わなければならない。日本でグリーンスピードのデータを採取し、その後、これを分析しているうち、この均一性ということについて2つの疑問を持った。

第1の疑問は、同一グリーンにおける速度のばらつきとは、通常どの程度のものなのかということである。「速度」というが、大抵は、スティンプメーターで1回測定しただけの値だ。だが、そのグリーンでは、どの場所でも同じ「その」速度なのだろうか？　それなりのばらつきが必ずあるのではないのか？　第2の疑問は、同じゴルフ場におけるグリーン間でのばらつきは、通常どれくらいのものなのかということである。

グリーン内やグリーン間では、通常どの程度の速度のばらつきが存在するものか？　誰も答えを知らないのが現状である。1つのグリーンの中でのばらつきが、通常2インチ（5㎝）程度なのか、6インチ（15㎝）程度なのか、あるいは30㎝ぐらいあるのが普通なのか？　同様に、同じコースの2つのグリーンを比べた時、2つがぴったり同じであるのが普通なのだろうか？　もし、ばらつきがあるとすれば、それはどの程度が普通なのだろうか？　単純な疑問だが、答えがない。

これまでのデータ収集では、各ゴルフ場の複数のグリーンでそれぞれ複数回の測定を行っていた。そのデータを分析する中で、これらの疑問に対するある程度の答えを出すことができたように思う。が、結果を紹介する前に、1つの重要な数値について検討しておこう。それは、15㎝。すなわち6インチ、あるいは0・5フィートという数値である。

ミシガン州立大学のダグラス・カーチャー博士、トム・ニコライ博士、ロン・カルホーン博士による調査の結果、速度の違いが15㎝以内の2つのグリーンでは、どちらのグリーンが速いかをゴル

■表5-3

同一グリーン、同一ゴルフ場のグリーン間のばらつき

測定種別	グリーンまたはコース数（総数）	最小値(cm)	最大値(cm)	中央値(cm)	平均値(cm)
グリーンの速度（全体）*	103	200	347	257	260
同一グリーン内での標準偏差#	103	1	30	8.3	9.4
同一コースのグリーン間での標準偏差$	34	1	39	8.3	9.5

*同一グリーンで複数回の測定による値の平均値
#同一グリーンで得られた速度の平均値の標準偏差。
　103面のグリーンで平均速度を算出し偏差を求めた
$同一ゴルフ場のグリーンにおける平均速度の標準偏差。
　34ゴルフ場それぞれ複数のグリーンで測定を行った

ファーが識別できないことが分かっている。逆に、15㎝を超えている場合には、ゴルファーが違いに気づく可能性が高い。つまり、グリーンキーピングでは、15㎝の速度差が重要な意味を持つと言えるわけだ。そして、スティンプメーターを使って得たすべての測定値において、値の間の差が15㎝以内であるならば、そのゴルフ場のグリーンはすべて同じ速さであると言えることになる。

さて、筆者が収集したグリーン速度のデータは、全部で103コースのメイングリーンにおいて、合計308回の測定をしたものだ。このうち、クリーピングベントグラスのグリーンは249面、コウライグリーンは27面、バミューダグラスは24面、シーショアパスパラムは9面である。各グリーンから得られた測定値の標準偏差、および同じゴルフ場の複数グリーンから得られた測定値の標準偏差を見てみると、次のような結果が得られた（表５‐３）。

１０３のメイングリーンでは、原則として複数回（基本的に3回）の測定を行ったが、これらの測定値の平均偏差は９・４cmであった。この結果から推測すると、個々のグリーンの速度のばらつきは、通常は上に挙げた15cm以内という目標範囲にうまく収まっているといえそうである。すなわち、同じグリーンでも場所によってスピードが違うというクレームはまず出ないと考えてよいだろう。

次に、1つのグリーンとその次のグリーンとの間の差異を検討した。同じゴルフ場の、同じ日の、メイングリーン間のスピードのばらつきの平均標準偏差は、９・５cm、つまり、同一のグリーンにおけるばらつきとほとんど違わない数値であった。ここでもまた、グリーン間の速度のばらつきは、通常、15cm以内に収まっているといえそうである。

個々のグリーンにおける速度のばらつきの標準偏差と、グリーン間の速度のばらつきの標準偏差が事実上同じであるというのは非常に興味深い発見であった。以上の結果を総合すると、グリーン内のスピードのばらつきは、グリーン間のスピードのばらつきとほぼ同じであると言ってよさそうである。このことは、今後、スティンプメーターを使っていく上で、役立つ知識になるだろう。

そこで、冒頭にあげた質問に戻る。最初のグリーンの速度が２７０cmで、次のグリーンの速度が２８０cmであったら、2番目のグリーンの方が速いといえるだろうか？　最初に書いたとおり、筆者の意見は「ノー」である。

日本のゴルフ場の103面のグリーンから収集したデータが語っているとおり、この程度の差は同一のグリーンの中にでも存在する程度のわずかなものである。もう1度測定を行えば、最初のグリーンの速度が276㎝、2番目のグリーンの速度が272㎝になるかもしれないのだ。

つまり、グリーン内部のばらつきも、グリーン間のばらつきも、ほぼいつでも15㎝未満であり、ゴルファーには知覚できない範囲のものであることが、裏づけられたということだ。そして、グリーンのスピードを測っても、その値はある範囲でばらつくものだということが理解できたならば、1回の測定で得られた値が絶対的なものでないことがすぐに分かるだろう。言い換えれば、通常範囲内の変動にいちいち気を煩わされる必要はないということだ。そして、測定値の差が15㎝に近づいてきたら、幅が通常範囲に収まるように管理作業を調整していかなければならない。通常値を知って安心できるのはよいことである。

グリーン速度のまとめ

Green Speed Summary

2011年8月から筆者が行った886回のグリーンの速度測定（スティンプメーターによる）は、9カ国をカバーし、グリーンの数は298面、草種は8種類に及ぶ。日本での測定はほとんどがクリーピングベントグラスかコウライで、ハイブリッドバミューダグラスはわずか。シーショアパスパラムは2コースである。日本にもスズメノカタビラグリーンがあるかもしれないが、まだ実際に見たことはない。

このデータをまとめてみよう。グリーンの速度について、ある程度一般的な傾向を導き出せると思う。ゴルフ場によってグリーンの速度は大きく異なりやすいものだし、年間を通じて変わりやすいものである。自分のコースで収集したデータを筆者のデータと比較することにより、自分のコースを世界的な傾向の中に位置づけることができると思う。

測定方法は以下の通りである。まず、1つの方向にスティンプメーターから3回ボールを転がして距離を測り、次に、それと逆の方向から元の位置に向かって同様に3回ボールを転がし、これらの測定値の平均値を、ブレードの公式を用いて算出する。この公式を使うと、上り斜面と下り斜面によって出る転がり距離のズレをうまく修正することができる。

上記のようにして、1回の測定につき、ボールを6回転がす。つまり、886回の測定とは、スティンプメーターからボールを転がして距離を測定する操作を5316回行ったということである。すごい数ではないか！　集まったデータも面白い。さっそく概要を紹介しよう。

以下ではデータ全体を、全部で5つの切り口から見る。最低値、最高値、中央値、そして下位四分位値、上位四分位値である。下位四分位値とは、下位の25％と上位の75％を分ける値であり、上位四分位値とは、上位の25％とそれ以下の75％を分ける値である。

現時点での全データのうち、最低値は、167cm（5・5フィート）である。下から25％の値は、232cm（7・6フィート）、中央値は、261cm（8・6フィート）、上から25％の値は、286cm（9・4フィート）、最高値は391cm（12・8フィート）である。当初は草種や国によってグリーンの速度に大きな差が出るだろうと考えていたが、データを集めて分析してみると、草種や国が異なっても、グリーンの速度はあまり変わらないことが分かってきた。

これについて、もう少し詳しく見てみよう。次ページの国別データ（表5－4）と草種別データ（表5－5）から、上記の5種類の数値を計算してみる。

まず国別データだが、中央値を見てみると、195cmのスリランカから293cmの米国までの範囲に全部の国が入る。アジアの多くの国の中央値が、250cmから290cmの範囲に収まっている。グリーンの平均速度がもっとも遅いのはインドとスリランカだが、これは十分な管理機械を持っていないゴルフ場が多いためだ。グリーンを低刈りできる機械がないのである。だから、グリーンスピードも他に比べてやや遅くならざるを得ない。なお、韓国ではほとんど測定ができていない。表には入れておいたが、他の国に比べて圧倒的にサンプル数が少ないので、あまり高い精度は期待できない。

タイやフィリピンはどうだろうか？　日本と比較すると、両国の平均的なコース管理予算は低い。であれば、日本のグリーンの方が速いと期待してよいのではないかとも思う。管理により多くの予算を投入できるのだから、グリーンも速いに違いないという発想である。筆者も最初はそのように

■表5-4　国別データ　（単位：cm）

国名	最低値	下位25%ライン	中央値	上位25%ライン	最大値
米国	202	261	293	334	370
シンガポール	212	233	286	333	391
タイ	207	264	281	302	332
フィリピン	201	241	271	287	390
日本	183	234	260	285	356
ベトナム	193	228	255	269	316
韓国	237	241	245	245	245
インド	167	217	235	270	329
スリランカ	173	186	195	204	233

■表5-5　草種別データ　（単位：cm）

草種	最低値	下位25%	中央値	上位25%	最大値
ベント＋カタビラ	202	212	337	350	370
スズメノカタビラ	256	287	308	317	345
ファインフェスク	207	237	267	286	297
コウライ	186	225	263	284	390
クリーピングベントグラス	183	238	263	292	356
バミューダグラス	167	227	260	283	391
シーショアパスパラム	190	229	251	273	329
ブルークーチ	173	204	216	229	266

考えていたが、データを分析してみると、どうやらこれには気候的な要素が絡んでいるようである。タイやフィリピンのグリーンは暖地型芝草で作られており、年間を通して低刈りが可能である。一方、日本のグリーンは大半がクリーピングベントグラスである。それを高温多湿条件で管理せざるを得なくなる夏には、グリーンは比較的遅くなる。

また、きちんとした裏づけデータをとってはいないが、日本以外の国ではグリーンの管理に、いわゆる軽量ローラーが広く使用されているという事実も関係していると思う。筆者が定期的に訪問してデータを採集している米国のゴルフ場でも、軽量ローラーを日常的に使用している。これによってグリーンのスピードが上がる。

次に草種別にデータを整理してみると、グリーン速度の平均値がもっとも高いのは、スズメノカタビラとクリーピングベントグラスの混合グリーンである。これは、米国でカタビラとベントの混合グリーンを使用している地域は日本より気候が穏やかで低刈りが可能な上に、前述のように軽量ローラーを使用することで速いグリーンが作られていると考えられる。

クリーピングベントグラスとハイブリッドバミューダグラスの比較はなかなか興味深い。クリーピングベントグラスは冷涼気候地帯の、そしてハイブリッドバミューダグラスは温暖気候地帯の多くのトーナメントコースで使用されている。データから得られたグリーン速度の中央値は、クリーピングベントグラスの場合は263㎝、ハイブリッドバミューダグラスの場合は260㎝。その差はわずか1インチ強に過ぎない。つまり、ベントグラスのグリーンもバミューダグラスのグリーンもほぼ同じ程度の速度であると考えてよいだろう。

現在、ベントグラスのグリーンをウルトラドワーフバミューダグラスのグリーンへと草種転換を考えている日本のゴルフ場には、興味深いデータとなりそうである。米国では、すでに多くのゴルフ場がこの草種転換を行っている。ここに挙げたデータからも明らかなように、これら2つの草種間で、グリーンの速度に差は出ないといってよい。

草種に関しては、もう1つ興味深いことがある。ベントグラスのグリーンとコウライのグリーンの中央値が同じである。どうしてこんなことが起こるのだろうか？　実は、コウライのデータは、フィリピンと日本のゴルフ場でトーナメントコンディションの時に測定したものが含まれている。

とはいえ、ごく普通の管理をしているコウライグリーンでの測定も、もちろんたくさん含まれている。筆者のデータに多少の偏りがあるのは事実だが、コウライで驚くほど速いグリーンを作ることができることも事実なのである。特に、タイやフィリピンで使用されている、非常に葉身が細い品種ではこれが可能だ。

190ページの表5-4および表5-5に挙げたデータを参考にして、読者のゴルフ場を客観的に位置づけてみるチャンスになれば幸いである。自分が管理しているグリーンの速度が日本の中でどの程度のレベルにあるのか、また自分が栽培している草種の中でどの程度の位置づけになるのかを知ることで、新たな視点を手に入れられる可能性がある。

Chapter 6

Fertilizer and soil nutrients

肥料と土壌中の栄養分

グリーンキーピングの主目的が、芝草の生長速度の調整ならば、適切な量の肥料を適切な時期に投与することは決定的に重要なことだ。生長速度は、肥料に含まれるチッソで調整できる。そして芝草が健全に育つには、その他の栄養分が肥料や土壌中に適正量だけ含まれていることが必要だ。これを間違いなく行うことが鍵だ。

チッソの量を間違えたら、ターフのパフォーマンスは落ちる。どのような栄養素が不足しても、ターフのパフォーマンスは落ちる。とはいえ、施肥を複雑に考える必要はない。グリーンキーピングは農業ではない。チッソ量は、芝草が利用できる量よりも極端に少ない量しか与えない。そして、グリーンキーピングの施肥で必要なことは、チッソ以外の栄養素の投与量を、チッソ投与量に合わせることである。

それがこの章の主題である。

土壌と葉身と生長能で施肥管理

Fertilizer for Grass: Soil, Leaves, and Growth Potential

ゴルファーは緑鮮やかなグリーンを望む。色出しの基本は施肥だが、施肥量を簡単に管理できる方法をご存知だろうか？

グリーンキーパーなら、これをぜひ知っておいて欲しい。

施肥計画を立てる前に、まず自分が管理している土壌の化学的特性を把握しておく必要がある。その上で、芝草の体内にどのような栄養素がどれだけ存在しているのか、そして刈込とそれに伴う刈粕の回収によって、どれだけの栄養分が土壌から奪われるのかを把握しておくことが基本中の基本だ。刈粕の収量は気候天候条件に大きく左右されるが、現在では、気温（たとえば、月の平均気温）が分かれば、その土地で芝草がどの程度の生長能力を発揮できるかを知ることができる。

英国のロザムステッド研究所では、寒地型のイネ科草本が施肥に対してどのような反応をするのかについて、非常に長い年月にわたって研究を行っている。その研究報告は、文字通り目を見張るような驚きに満ちているのだが、その内容を今すべて紹介することはできない。その一部、まずは土壌中の栄養素から始めよう。

芝草の場合、土壌分析で把握しておかなければいけないもっとも重要な情報はpH、有機物含有量、そしてリンとカリの含有量である。大抵の分析機関では、他の栄養素についての分析数値も報告してくれるはずだ。このような分析で報告される含有量は、土壌に含まれている真の総量ではなく、総量のごく一部というべきものである。カリの場合であれば、通常、報告される含有量は、土壌中に実際に存在する総量の10％未満である。というのは、総量のほとんどは岩や砂、あるいは土壌粒子の内部に、植物が利用できない形態で閉じ込められているからである。ひと口に土壌分析といっても、各分析機関が採用している手法はそれぞれに異なるのが通例。したがって、同じサンプルを分析しても、分析結果はそれぞれに異なるのである。

さて、このような結果をどのように生かすことができるのかだが、それは簡単である。各栄養素について目標レベルというべきものが決まっている。

カリの場合、標準的なメーリッヒ方式の検査方法で測定した場合、最低でも50ｐｐｍ含有量がないと、芝草の生長が阻害されてしまう。つまり、土壌中のカリ含有量が50ｐｐｍ未満の場合には、不足分を補って、少なくとも50ｐｐｍに増加させてやる必要があるわけだ。逆に土壌中のカリ含有量が50ｐｐｍ以上であるならば、これ以上カリを投与する必要はないということである。

土壌分析によってカリの含有量が30ｐｐｍであると判明した場合、目標値は50ｐｐｍであるから、あと20ｐｐｍ増加させるために肥料の投入が必要になる。ここでいつも考慮すべきは土壌のうちの表層10㎝（すなわち芝草の根のほとんどが生育している場所であり、栄養分摂取のほとんどが行われる場所）である。面積1㎡、深さ10㎝の土壌を考えた場合、その容積は100ℓである。そして砂の仮比重は1・5（g／cc）であり、グリーンの土壌はほとんど砂であるから、表層10㎝の土壌とは150kgの重さの砂と考えることができる。あとは簡単な計算をするだけで、カリ1gを投与すれば土壌（の表層10cm）のカリ含有量を6・7ppm増加させられることが分かる。つまり、カリの含有量が30ppmであるならば、理想的な値である50ppmにするためには、m²当たり3gのカリを投与すればよいことが分かるだろう。

土壌中に十分存在する栄養素を肥料として投与し続けるのは、経費のムダ以外の何物でもない。エネルギー価格が上昇の一途を辿っている現在、肥料もその例外ではない。コスト、流通コストともに値上がりを続けている。経済的な観点からも、環境的な観点からも、不必要な施肥は避けるに越したことはない。

さて、土壌条件が分かったら、今度は葉身に含まれている栄養分の量を考える。一般的に、芝草の葉身から水分を完全に除去してしまうと、残ったものの4%（刈粕の乾燥重量1kgについて40g）をチッソが占めており、リンが0・5%、カリが2%を占めている。健康な芝草のNPK比率は、約8：1：4であり、芝草用の一般的な肥料のNPK比率が「24-3-12」といった数値であるのも、この理由による。この配合比率で投与しておけば、芝草が土壌から吸収し、刈込によって刈粕としてターフから奪い去られてしまう栄養分をバランスよく補給できるからだ。

このような基礎的理解に立てば、まず土壌分析によって土壌中にどれだけの栄養分があるかを知り、それを基にして、刈粕の除去によって失われる栄養素を補給するという考え方で、年間の施肥計画を立てることができるのが分かるだろう。一見難しそうに感じるかもしれないが、案外簡単なものである。

■図6-1　土壌分析の報告書

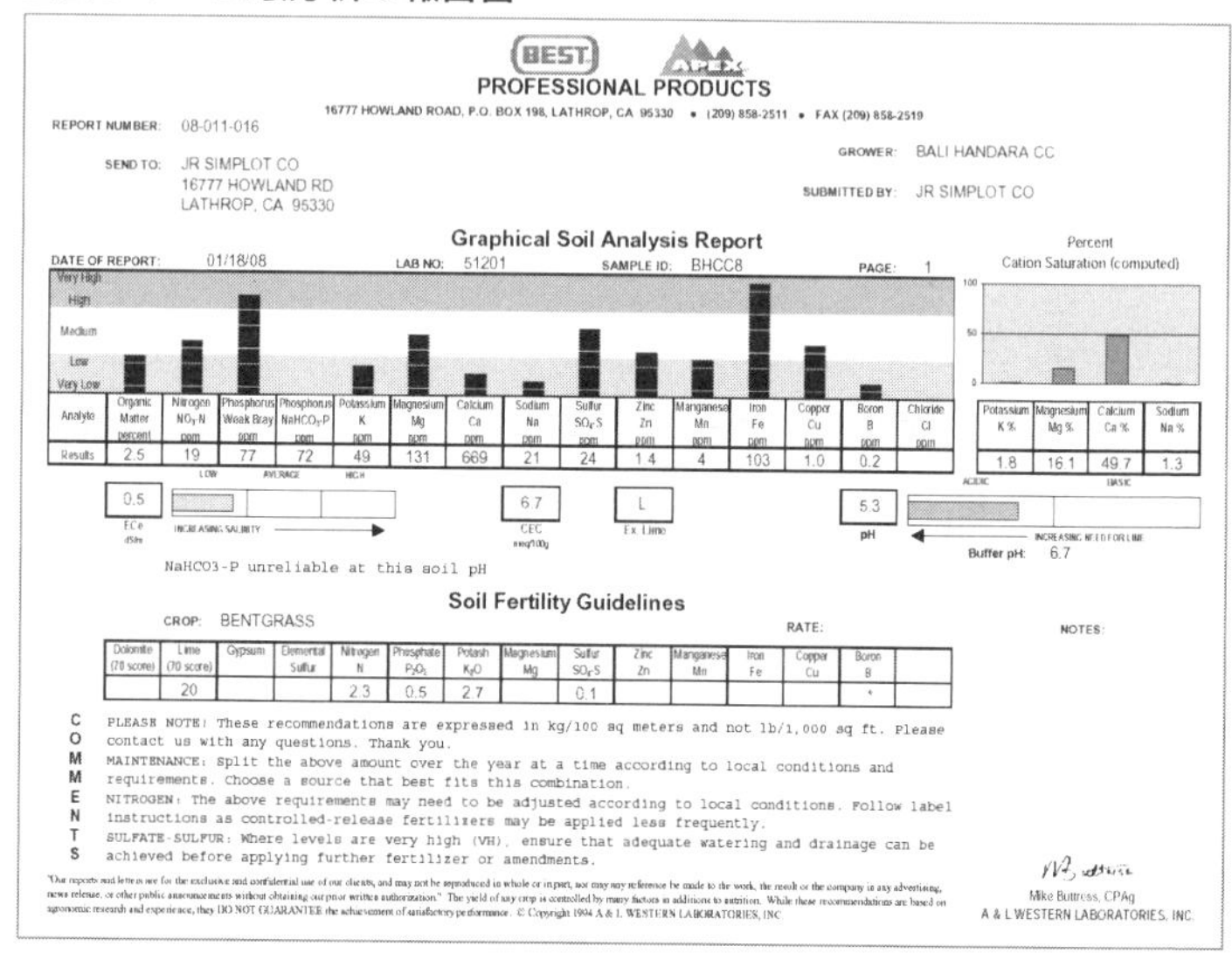

BEST　APEX
PROFESSIONAL PRODUCTS
16777 HOWLAND ROAD, P.O. BOX 198, LATHROP, CA 95330 • (209) 858-2511 • FAX (209) 858-2519

REPORT NUMBER: 08-011-016

SEND TO: JR SIMPLOT CO
16777 HOWLAND RD
LATHROP, CA 95330

GROWER: BALI HANDARA CC
SUBMITTED BY: JR SIMPLOT CO

Graphical Soil Analysis Report

DATE OF REPORT: 01/18/08　LAB NO: 51201　SAMPLE ID: BHCC8　PAGE: 1

Analyte	Organic Matter percent	Nitrogen NO_3-N ppm	Phosphorus Weak Bray ppm	Phosphorus $NaHCO_3$-P ppm	Potassium K ppm	Magnesium Mg ppm	Calcium Ca ppm	Sodium Na ppm	Sulfur SO_4-S ppm	Zinc Zn ppm	Manganese Mn ppm	Iron Fe ppm	Copper Cu ppm	Boron B ppm	Chloride Cl ppm
Results	2.5	19	77	72	49	131	669	21	24	1.4	4	103	1.0	0.2	

Percent
Cation Saturation (computed)

Potassium K %	Magnesium Mg %	Calcium Ca %	Sodium Na %
1.8	16.1	49.7	1.3

Buffer pH: 6.7

NaHCO3-P unreliable at this soil pH

Soil Fertility Guidelines

CROP: BENTGRASS　RATE:　NOTES:

Dolomite (70 score)	Lime (70 score)	Gypsum	Elemental Sulfur	Nitrogen N	Phosphate P_2O_5	Potash K_2O	Magnesium Mg	Sulfur SO_4-S	Zinc Zn	Manganese Mn	Iron Fe	Copper Cu	Boron B	
	20			2.3	0.5	2.7		0.1					*	

COMMENTS
PLEASE NOTE: These recommendations are expressed in kg/100 sq meters and not lb/1,000 sq ft. Please contact us with any questions. Thank you.
MAINTENANCE: Split the above amount over the year at a time according to local conditions and requirements. Choose a source that best fits this combination.
NITROGEN: The above requirements may need to be adjusted according to local conditions. Follow label instructions as controlled-release fertilizers may be applied less frequently.
SULFATE-SULFUR: Where levels are very high (VH), ensure that adequate watering and drainage can be achieved before applying further fertilizer or amendments.

"Our reports and letters are for the exclusive and confidential use of our clients, and may not be reproduced in whole or in part, nor may any reference be made to the work, the result or the company in any advertising, news release, or other public announcements without obtaining our prior written authorization." The yield of any crop is controlled by many factors in addition to nutrition. While these recommendations are based on agronomic research and experience, they DO NOT GUARANTEE the achievement of satisfactory performance. © Copyright 1994 A & L WESTERN LABORATORIES, INC

Mike Buttress, CPAg
A & L WESTERN LABORATORIES, INC.

それというのも、ペース芝草研究所（www.paceturf.org）が開発した生長能モデルを使うことができるからだ。このモデルを使うと、暖地型や寒地型の芝草が、所定の平均気温において、どの程度の生長を示すのかを予測することができる。ペースモデルでは、寒地型の芝草は気温が20℃のときにその生長能力を１００％発揮するとされている。気温が20℃より高くなっても低くなっても、生長の速度は遅くなるのだ。暖地型の芝草は気温が31℃の時にその生長能力を１００％発揮し、平均気温がこれより高くなっても低くなっても、生長の速度は遅くなる。

　したがって、芝草がその生長能を最大限に発揮する月のチッソ要求量を㎡当たり、たとえば、3・4gと設定し、これに、月ごとの平均気温から割り出した生長能パーセントを掛ければ月ごとの肥料要求量（芝草が必要とする肥料の量）を求めることができる。芝草がその生長能を50％しか発揮できない月のチッソ要求量は㎡当たり1・7gである。芝草の生長速度は天候条件によって変化するから、刈粕の収量も天候条件によって変化する。土壌分析、葉身に含まれる各栄養素の量、そして芝草の生長能を組み合わせれば、いつでも最適量の栄養素を与えることのできる施肥計画を作ることができる。そして、肥料に無駄な経費を費やすことなく、顧客が求める質の良いグリーンを作っていくことができるのだ。

芝草の生長能について、さらに詳しく知りたい方は、インターネット（www.paceturf.org）での情報検索をお奨めする。キーワードは生長能（growth potential）である。

パークグラスの実験

Simple is Better: An Amazing Experiment at Rothamsted

1856年の春、英国のロザムステッドの約3haの牧草地で、肥料実験が始まった。11種類の区画に11種類の肥料、対象として2区画を無処理区とした。それから152年、思慮深い検討をしながら多少の追加や変更を加えつつ、今もこの実験は続いている。「パークグラス実験」という呼称で知られ、恒久草地を対象とした実験としては世界でもっとも古く、また息の長い実験である。

前項で、施肥、土壌試験、そして芝草の生長能について述べたが、この項ではすべてのグリーンキーパーが知っておいた方がよい、この偉大な実験について考えてみたい。何が起こったのかを知れば、誰もが驚くに違いない。

ロザムステッドはロンドンのすぐ北のハーペンデンというところにある。ハーペンデンまでは、キングスクロス駅（ロンドンの中心駅）から列車で45分ほど。現在ではロンドンの通勤圏であるこの町も、19世紀初頭には一介の田舎の村であり、ロンドンへは牛車に引かれる長い旅が必要であった。ロザムステッドを所有していたのは、当時のイングランドでもっとも評価の高い農学者ジョン・ベネット・ローズである。

彼は過リン酸肥料の製法についての特許所有者で、肥料メーカーの社長として成功をおさめたビジネスマンでもあった。が、その後、事業を売却し、農業実験一本に活動を絞ることに決め、ロザムステッドの所有地を農業試験場とし、ローズ農業トラストを設立した。今でもこの団体が試験場の管理と運営に当たっている（www.rothamsted.ac.uk）。

実験の当初の目標は、肥料の違いによって干草の収量にどのような違いが出るかを調べることであった。圃場では1年に2回、晩春と秋に刈込が行われ、収量調査が実施された。ローズらはすぐに、どの肥料が収量をもっとも伸ばすのかを調べ上げることができたが、それ以外に、驚くべきことが発見された。肥料は単に干草の収量を変えただけではなかったのだ。肥料の散布を行うとすぐに、圃場の各区画の植生の構成が変化し始めたのである。

最初の施肥から2年後の58年に、ローズらの次のような記述がある。

「繁茂する植物の種類が区画によってまったく違うので、まるで肥やしの種類ごとに別の草の種を播いたのかと思うほどであった」

群落構成は急激に変化したが、この傾向は1900年を過ぎると落ち着きを見せ、20年以降はほとんど変化らしい変化は見られなくなった。

今日、この実験成果は、生物学的多様性を論ずる上で、世界でもっとも重要な実験とされている。芝草管理との関連で実験のすべてを論ずる必要はないと思うが、ターフ管理という視点から見た時に、注目すべき重要な内容をここで押さえておきたい。

実験地はゴルフ場のターフともさして変わらない草地である。そこに、1856年から硫酸アンモニウム以外に何も投与していない区画がある。石灰、カリ、リンといった栄養素を何1つ与えていないのである。チッソ分だけを1年に1度、春に投与している。現在、この区画はほとんどすべてがコロニアルベントグラスとハルガヤで占められている。まったくの無肥料で管理した区画は、イネ科と雑草との混合集団となっている。チッソ以外の栄養素も与えた区画、あるいは土壌pHを上昇させるために炭酸カルシウムを投与した区画では、植物の種類が必ず多くなり、広葉雑草の侵入が見られる。

さて、考えてみよう。

リンやカリの入った配合肥料を使用する、あるいは土壌pHを上昇させるために炭酸カルシウムを入れるのは教科書どおりのやり方だが、これを行うと実際には雑草がはびこる好適条件をつくっていることになる。芝草用として推奨される施肥計画の多くは、普通の農業用の施肥計画に手を加えた程度のものである。普通の農業用の施肥の目的は、収量増加であり、各栄養素の投与量を増やせば収量も増えることになる。しかし、ゴルフ場では収量の最大化が目標ではない。重要なのは、芝草の質であって量ではないのだ。

なぜ、ターフ管理に成長抑制剤を使うのか？

収量を増やさないためである。

では、カリやリンやカルシウムを投与すると雑草が増えるのはなぜなのだろう。

理由の1つとして考えられるのは、雑草と芝草との根の違いだろう。芝草の根はひげ根である（イネ科は単子葉植物である）。ひげ根は栄養素を求めて土壌中のあちこちに自由に伸びていくことができる。一方、雑草の多くは双子葉植物であり、彼らは主根を伸ばすが、根の総面積はひげ根に遠く及ばない。さらに、イネ科植物の根はファイトシデロフォア（phytosiderophores：植物性親鉄剤）という物質を生産することにより、土壌pHが極端な値になっても微量栄養素を取込む力がある。

パークグラス実験の成果をゴルフ場の芝草管理に応用できるという認識を最初に表明した出版物は、1912年に刊行された「ブック・オブ・リンクス」である。また、USGAグリーンセクションの初代議長であったチャールズ・バンクーバー・パイパーが、24年のUSGAグリーンセクション・ブリテン（速報）に次のように書いている。

■図6-2

硫安以外何も投与されていない区画。ほぼコロニアルベントグラスとハルガヤのみで占められ、広葉雑草は全く見られない

■図6-3

硫安に加え、それ以外の栄養素を投与している区画。イネ科牧草と雑草の混合区画となっている

『干草を生産するための草地管理はターフ管理とは違う。とはいえ、ロザムステッドの業績がグリーンキーピングと無縁であるはずがない。ただし、同じような比較実験をしたとしても、土壌や気候によって結果が異なってくるだろう。また、英国にあって米国にない種、その逆の例も数多くあり、そうした植物種の挙動を両国間で比較することは本来不可能なことである。しかし、こういった限界があったとしても、ロザムステッドが残した結果はゴルフ場ターフの育成に極めて重要な学びを提供している。これらの実験結果は米国における結果と非常に高い相関性を示しており、極めて意義深い』

もちろん、英国と日本とでは植物そのものも、土壌も、気候も違うが、ここでもパイパーの言葉が当てはまるだろう。ロザムステッドの成果は非常に意義深いものであり、日本という風土においても、大いに考察に値することである。どんなものでもターフに投入する資材にはコストがかかる。自分たちが撒いているものが、本当に自分たちの望むプレー面を作る資材なのかということを、もう1度しっかり確認して使いたいものだ。不要な資材を投与することは雑草の侵入を許し、結果として、芝草本来のクオリティとは関係のない除草剤などに、さらにコストがかかることにもなる。施肥計画をシンプルにすることは、コストを節約するだけではなく、芝草のクオリティをアップさせることにも繋がるのである。

土壌中の栄養素を最適レベルに維持する

The Optimum Level of Plant Nutrients in the Soil

ターフ管理にかかわる者が肥料や土壌化学に興味を持つのは当然だが、筆者の場合は、中国の上海リンクスカントリークラブでスーパーインテンデントをしていた体験が強い興味を持つきっかけになった。

このゴルフ場ではグリーンとティグラウンドがベントグラスで、フェアウェイも寒地型芝草であった。だが、上海の夏は暑く夜間の気温が高い。寒地型の草種にとっては、極めてストレスの高い環境である。しかも、ゴルフ場は東シナ海に面していて土壌塩度が高く、散水用水にも塩分が大量に含まれていた。さらにグリーンだけでなく、ティもフェアウェイもサンド構造なので、土壌の保肥力は低い。こうした条件で芝草を健康に育て、良いターフを維持するにはどのような栄養投与をしたらよいのか？　どんな些細なミスもトラブルに直結する。面白いというか、これは非常に緊張感のある真剣勝負である。

実際、これは非常に興味深い分野であったから、博士号の取得を目指してコーネル大学の大学院へ進んだ時にも、研究プロジェクトのテーマとしてサンド土壌と栄養との関わりを選択した。おかげで、この分野については広範囲に研究することができた。具体的には、室内実験、野外実験ともに数多くを行い、土壌分析にいたっては日本を含めて世界中、数千のゴルフ場のサンプルを分析する機会に恵まれた。ここで取上げる話題はそういった体験に直接根ざしたものであり、グリーンキーパーには必ず知っておいてもらいたいと思うことである。

第1に強調したいのは、土壌分析の重要性である。芝草についてはこの100年間に様々な研究が行われてきており、土壌の化学組成と芝草の生育との関係について、非常に多くのことが明らかになっている。その成果を利用するためには、自分のゴルフ場の土壌を知らなければならない。たとえば、最適な肥料を選ぼうとするとき、各製品が芝草にどんな反応を引き起こすのかが分からなければ、選ぶことができない。

次に重要なのは、土壌分析をどこに依頼するかである。最新の技術をもっている施設、分析結果を数値できちんと報告してくれる施設に依頼することが重要である。施設によっては（肥料の販売会社と提携しているようなところが多いが）、各栄養素について、高・中・低といった程度の情報しか提供してくれない。しかし、分析手法や具体的な数値を明らかにしないのでは、その程度の情報ですら、本当に信頼できるものなのかどうか、評価のしようがない。

グリーンキーパーのみなさんは、自分のゴルフ場における各栄養素の目標値を知っているのだろうか？

表6‐1（208ページ）を見てほしい。送られてきた分析結果を見る上で一番重要な項目は何だろうか？ pH、リン、そしてカリである。その上で、以下のことを忘れないでほしい。すなわち、「土壌中に栄養分が十分にある時には肥料を投与しても何の効果もない」ということである。栄養

管理（土壌分析はその一部）のもっとも重要なポイントは、必要な栄養素（主栄養素・副栄養素）が土壌中に適正な量で存在するようにすることである。そして、土壌分析はそれを確認する手段である。これを実現した上で、チッソによって生長を自在にコントロールするのである。

ゴルフ場のターフ管理では、チッソの投与量を意図的に少なくしている。芝草の生長力を最大限に発揮させると、大体どの草種でも年間のチッソ量に換算して㎡当たり100g程度は生長するものである。しかし、ゴルフ場で実際に使用しているチッソは、土壌や立地や営業形態にもよるが、せいぜい10～30g程度である。つまり、故意にチッソ量を減らして生長を抑制しているのである。カリを追加しても芝草は生長しない。リンを追加しても、鉄を追加しても、生長しない。しかし、チッソを追加すると草が伸び色もよくなる。生長量を決めるのはチッソであり、それ以外の栄養素は生長に応じて取り込まれるものだから、チッソ以外の栄養素を土壌中にきちんと準備し、その上でチッソ量をコントロールするのが基本中の基本である。

土壌分析では、チッソ量の同定は行わないのが普通である。これは土壌中に存在するチッソは速やかに植物に利用されてしまう上、土壌中の有機物からチッソが遊離するプロセスは所定の条件が揃った時にしか起こらないからだ。つまり、土壌検体を採取した時点でのチッソ量に基づいて適正投与量を決めることは極めて難しいからである。チッソに関しては、実際に投与可能な上限よりもはるかに低い投与量で管理していること、そして、それがよいプレー面を作るためのテクニックになっていることを理解しておくことが重要だ。実際のチッソ管理は、芝草の「生長能」（36、19

■表6-1
主栄養素および微量栄養素について

栄養素	土壌中の必須含有率(ppm)※注1	土壌必須含有率のときに土壌中に存在する量(g/㎡)	葉身中の平均含有率(%)※注2	クリーピングベントグラスのグリーンによる推定年間消費量(g/㎡)※注3	土壌中の含有量から年間消費量を引いた値(g/㎡)※注4
N	ー	ー	4	16	ー
K	50	7.5	2	8	-0.5
P	20	3	0.5	2	1
Ca	200	30	0.4	1.6	28.4
Mg	75	11.3	0.2	0.8	10.5
Fe	100	15	0.03	0.12	14.88
Mn	35	5.25	0.01	0.04	5.21

注1：一般的なメーリッヒ3土壌試験方法を用いて得られる数値。
注2：乾物に対する割合
注3：㎡当たりの年間刈粕収量を400g(乾物)として計算。
注4：正の値は、土壌中の量が芝草の消費量を上回っていることを示す。そのため、肥料の追加投入は不要である。チッソについては実質的に16g/㎡の不足が生じる。カリについてはわずかの不足が生じる。

5ページ参照）を基本にしてもらうとよいと思う。これは芝草の生長が主に気温に左右されることを利用して、現在の気温条件下で芝草が実際に利用できる量を与えるという考え方である。この量を基準にして、実際の投与量を増減するのがよい。

土壌栄養について、世界中の数千ものサンプルを分析してきた体験からもう1つ付け加えると、日本のグリーンは、あきれる程にリン（P）の値が高い。クリーピングベントグラスの場合、リンの要求量は20ppm以上とされている。つまり20ppmが必要最低限であり、これ以上なら問題なく、これ以下なら補給が必要というレベルである。20ppm以上のときにリンを投与しても、芝草の生育には何1つ効果はない。ところが日本のゴルフ場の場合、リンの値が300ppmとか400ppmが珍しくない。なかには620ppmというのもあった。実際の量に換算すると土壌の面積1㎡、深さ10㎝当たりに90gものリンが含まれている。ベントグリーンで1年間に消費されるリンの量（葉身に含まれるPの平均量×年間の刈粕の収量）はせいぜい2g程度だから、600ppmは45年分に相当する！　こういう土壌にリンを投与しても何の益もない。栄養素というものは、足りないときに補給してこそ効果を期待できる。しかも、リンの過剰投与は汚染を引き起こす（水の富栄養化）。

したがって、芝草の潜在力を適切に引き出すだけでなく、環境保護の面からも、適切な施肥を行うことを心がけたいものである。適切な栄養管理のために、すべてのグリーンキーパーが土壌分析を利用して欲しいと思う。

米国西海岸流の施肥管理

グリーンへの施肥がゴルフコースの管理に欠くことのできないものであることは周知の通り。非常に基本的なこの施肥の、いわゆる日本流と米国西海岸での見聞比較をしてみたい。

２０１１年秋に米国カリフォルニア州にあるモントレーペニンシュラカントリークラブとオレゴン州の名勝として有名なオレゴンコーストにある２つのゴルフ場を訪ねてグリーンのデータを収集させてもらった。視察も兼ねて、何ラウンドかプレーもさせてもらった。そうしていろいろな部分を観て話を聞いてみると、彼らが使っている資材が極めてシンプルなものだということが分かった。その使用方法は、日本のコース管理関係者から見ると、ちょっとズレているのではないかと思われるものであった。

問題点　POINT

ゴルフ場のグリーンに施肥は必須である。そして、ベストな施肥とは、芝草をできる限りゆっくりと生長させ、なおかつプレーを含む踏圧ダメージなどから十分に回復することができる生長速度に調整することである。つまり、ボールマークやプレーヤーの踏圧、刈込機械によるダメージを克

■図6-4

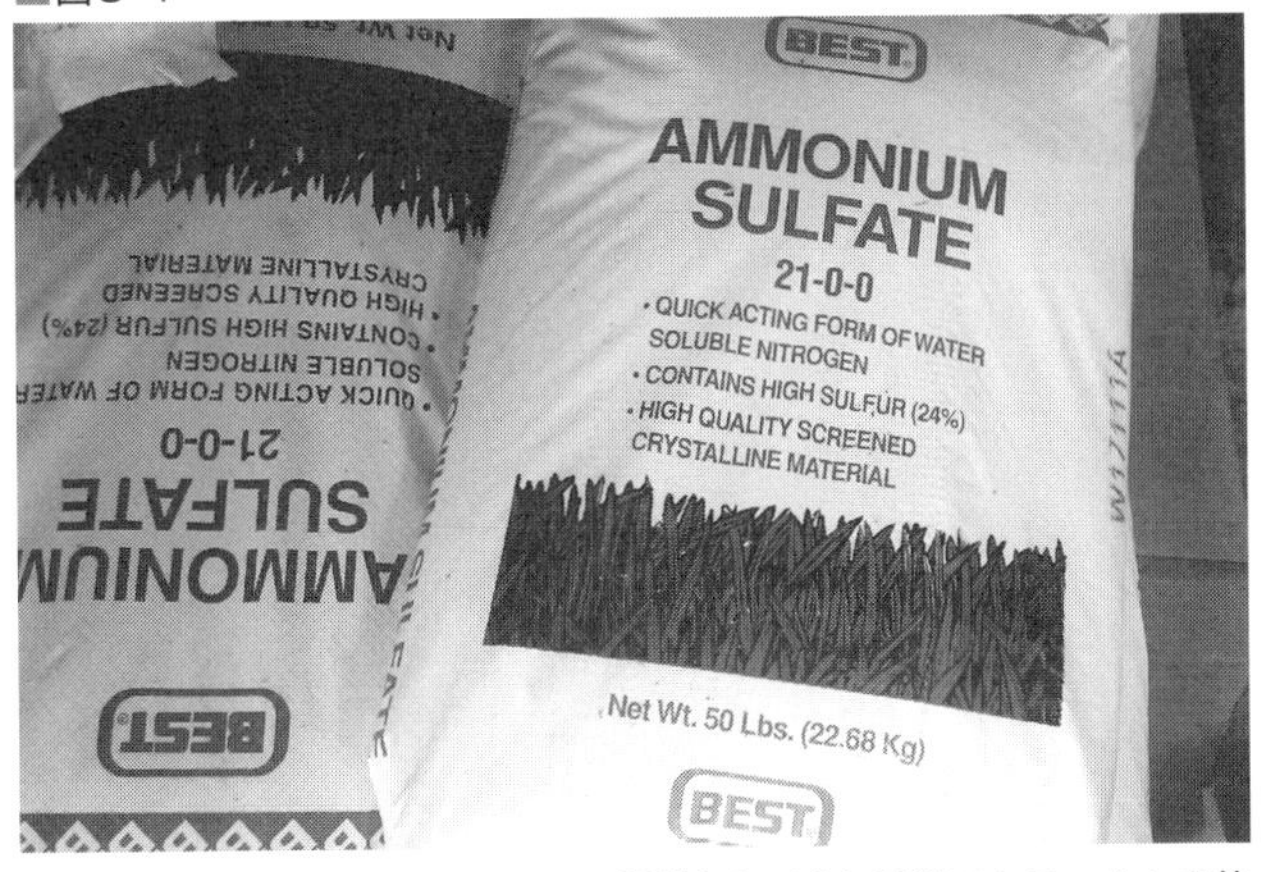

米国西海岸のゴルフ場では、チッソ肥料として主に硫酸アンモニウムを使用している

服できるような速度で芝草を生長させることができる施肥ということである。

今回、筆者が会って話を聞くことができたスーパーインテンデントは、モントレーペニンシュラカントリークラブのボブ・ゾラー、サイプレスポイントクラブのジェフ・マーカウ、ペブルビーチゴルフリンクスのクリス・ダルハマー、そしてバンドンデューンリゾート（オレゴンコースト）のケン・ナイスである。それぞれのゴルフ場で「踏圧」の量は異なるから、各コースにおける最適生長速度も異なる。しかし、それぞれのスーパーインテンデントが実施しているグリーン管理の基本プログラムで使用している製品には驚くほどの共通点がある。どのコースも比較的潤沢な管理予算を持っているから、欲しい肥料はコストに関わらず何でも購入可能なはずだ。そういうコースがグリーン用に通常使用する肥料が硫安と硫酸第一鉄だと聞いたら、読者は驚くのではないだろうか？

背景　BACKGROUND

芝草の生長は光合成の多寡で決まる。光合成の多寡は日照量、気温、利用できる水量、そして利用できるチッソ量で決まる。

クリーピングベントグラスを例に考えてみよう。陽光を遮る障害物のない広い平地では活発に生長するけれど、樹木の下では育たない。毎年、春や秋には旺盛な生長を見せるが、真夏や真冬には生長が劇的に鈍化する。乾燥した土壌でも生長は止まる。そして、チッソを投与すると生長が早まり、投与を止めると生長が鈍化し、不足が続くと白化が起こることは、誰もが知っている。

これらは個別の因子が変化した結果でもあるが、実は光合成の量が変化することの結果、すなわち、芝草の体内で合成される炭水化物の量が多いか少ないかということである。グリーンキーパーは、日照や気温をコントロールする力をほとんど持っていないが、水とチッソをコントロールする能力は相当に持っており、この力によって芝草の光合成をコントロールするのである。もし、土壌水分を常に最適な状態に保持し、干魃ストレスも過湿ストレスもない状態にターフを維持していれば、あとは、チッソの投下量のみによって芝草の生長速度をコントロールすることができる。

手法　TECHNIQUE

前出の各コースで、主力として使用されているチッソ肥料は硫酸アンモニウムである。硫安は、必要量のチッソと共に、必須栄養素の1つであるイオウの補給も行うことができる。水に容易に溶解するから、簡単に液肥として使用することができる。そして、この液肥に硫酸第一鉄を添加することによって緑色が濃くなる。スズメノカタビラ、クリーピングベントグラス、ファインフェスクと、コースによって草種は異なるものの、スーパーインテンデントたちの管理方法は上記のようなもので、基本的に同じであった。

硫安を使用するには、それなりの理由がある。ジョン・カミンスキ博士（ペンシルバニア州立大学ゴルフ場ターフ管理プログラム部長）の研究によれば、チッソ肥料として硫安のみをクリーピングベントグラスのグリーンに投与すると、藻類の侵入を防止することができるのだ。そして、硫安は尿素よりも溶脱を起こしにくい。また、フロリダ州立大学の研究には、「硫安は、その他の水溶性チッソ肥料に比較して肥効期間が長いので、多くの芝草管理者が好んで使用する水溶性チッソ資材となっている」とある。硫酸第一鉄については、ターフの色出しに効果があるだけでなく、これを継続的に散布することによってグリーンへのコケの侵入が阻害されることが分かっている。

つまり、安いから使っているわけではないのだ。狙い通りの結果を出すために意図的に使用しているのである。言い換えれば、元気な深緑色のターフを作るため、そして何よりもその生長を狙い

■図6-5

モントレーペニンシュラＣＣでは、色出しのために肥料に硫酸第一鉄を添加している

■図6-6

目を見張るようなモントレーペニンシュラＣＣの14番グリーン

通りの速度にコントロールするためである。ペブルビーチのグリーンは小さく、踏圧量は非常に多いから、芝草がかなりの高速で生長するようにグリーンを管理しなければならない。バンドンデューンのグリーンは広大でラウンド数も中程度であるから、それに合わせて生長速度を遅くするために施肥も控えめである。しかし、使っている肥料は同じものである。

日本への応用　LESSONS

以上のような施肥の手法は、非常に効果的である。そして、米国では普通に行われている方法である。にも関わらず、日本のコースでこういう製品を施肥プログラムの主力に据えているところはほとんどないのではないだろうか。ぜひ日本の多くのグリーンキーパーに、この方法を知ってほしいと思う。サイプレスポイントやペブルビーチでよい成果をあげているのだから、日本の少なからぬコースにも大いに役立つに違いないと確信する。

自分のコースでテストしてみようと思う人のために付記しておこう。硫安はチッソを21％含んでいるから、㎡当たりのチッソ投下量を0・5gにするには硫安2・4gを投与すればよい。ゴルフ場のグリーン用に使用される硫酸第一鉄は硫酸第一鉄七水和物という物質であり、これは鉄を20％含有している。㎡当たりの通常の投与量は鉄として0・15g、硫酸第一鉄として0・75gというものである。これらの製品を液肥として、㎡当たり80㎖の投下水量で散布する。ナーセリーやテスト用グリーンで試してほしい。きっとウエストコーストの一流コースと同じ、素晴らしい結果が得られることと思う。

土壌の化学的バランスを整える

Fertilizer planning and nutrient mass balance

一般に言う施肥は、芝草が活発に生育している春、夏、秋に施すものである。そしてもう1つ、芝草の生長期に与えるのでなく、土壌の化学的性質を変えるために行う施肥、芝草に吸収させることを目的としていない「施肥」が存在する。典型的な例は石灰である。石灰は土壌pHを高めるために投与する資材で、芝草に吸収させることを主たる目的とするものではない。炭酸カルシウムや苦土石灰といった資材は、通常は土壌pHが5・5未満の場合に投与される。土壌pHを上昇させることにより、基本的に毒性物質であるアルミニウムが土壌中から溶出して芝草にダメージを与える可能性がなくなることになる。同時に、微量栄養素の有効性を高めることができ、さらにもっとも重要なこととして、土壌微生物の活動を活発にして有機物の自然分解を促進することができる。

石灰散布のベストタイミングは、気温が低くて芝草の生長が遅くなっている、または停止している時である。したがって、もし石灰散布が必要な場合には、可能であれば冬の間に行うのがもっともよい。また、こうした資材の中には、土壌と化学反応を起こしてpHが変わるまでにある程度の時間が必要なものがある。だから冬に散布することによって、来春までの間に土壌との間の化学反応時間を確保することができ、来シーズンの初めには最適な土壌pHにできるわけである。したがって、こうした資材の散布計画も、秋に行うのがもっともよい。

そして、土壌分析もこの時季に行いたいものである。なぜならば、来年の施肥を考えるに当たって、現在の土壌栄養分レベルを把握しておくことは欠かせないからだ。もう1つ、この時季に土壌分析を行いたい理由がある。それは、土壌栄養分レベルがこの時季にもっとも低い値を示すことが多いからである。梅雨の時季にも、降雨によって溶脱する栄養分があるので土壌栄養レベルが下がるが、春、夏と続く生長シーズンを終えた秋は、芝草による吸収によって土壌中の栄養分は減っている。特にグリーンのように刈粕を回収するターフでは、栄養分は確実に低下している。

一方、冬の間、芝草の生長はかなりゆっくりとしたものになり、根から吸収される栄養分は少なく、そして立地条件にもよるが、土壌が凍結と融解を繰り返す。こうした条件のもとでは、土壌中の栄養分はむしろ増加することがある。しかし、翌年の夏の終わりのターフコンディションを可能な限りよい状態にしたいと思うならば、やはり当年の夏の終わりの土壌状態、すなわち1年前の土壌栄養状態がもっとも低い時季の状態を把握しておきたいものだ。そしてこのデータを基にして、栄養分の質量バランスという観点から、来年に向けてどの資材をどれだけ投与するかを決めるのである。

ここでは、カリ（K）を例に挙げて質量バランスを考えてみよう。以下の計算では、根圏の深さ

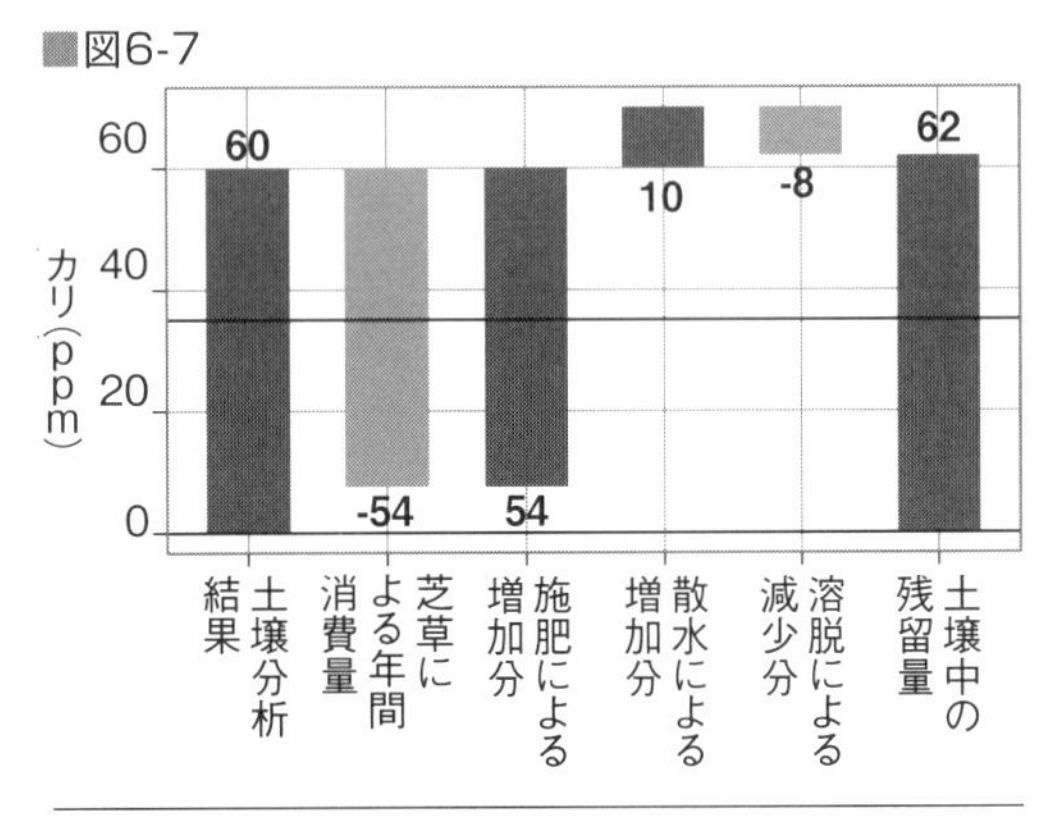

根圏の深さを土壌表面から10㎝と想定し、
1年間の有効カリの投与量と消費量とをグラフ化して
土壌におけるカリの収支を表した。
なお、太い横線はカリの最低必要レベル(35ppm)を示す

やその土壌の仮比重などについて、いくつかの想定が必要となる。根圏の深さや仮比重はエリアによって大きく異なるものであるから注意が必要である。ここでは、グリーンについて、ルートゾーンの有効深さを10㎝と想定する。深さ10㎝、広さ1㎡の土地の体積は、10万㎤である。そして、土壌中のカリは、質量で表すことにする。カリの場合には、土壌1ℓ中の何%という捉え方よりも、土壌1kg中に何gという表し方の方が分かりやすい。

一般的に、砂の仮比重は、1.5g/㎤である。したがって、面積1㎡、深さ10㎝の土壌の質量は、150kgであると想定することができる。土壌分析などでは栄養分の量をppmで表していることがある。ppmは1kg当たり1㎎のことである。土壌分析でカリの有効量が10ｐｐｍであるといわれたら、１kgの土壌に10㎎のカリが含まれていたということだから、面積１㎡、深さ10㎝の根圏には１・５ｇのカリが含まれていることになる。逆に、カリを㎡当たり１ｇ散布したのであれば、根圏全体の体積である１５０kgの土壌には１０００㎎のカリが含まれている。さて、ここで、深さ10㎝の根圏土壌中にカリが均一に分布していると想定すると、㎡当たり１ｇのカリを散布したということは、カリの含有率を６・７ｐｐｍだけ上昇させたということである（注：１ｇ÷１５０kg）。

以上のことから、有効カリの翌年１年間の土壌への出入り（質量収支）を見積もることができるようになる。すなわち、翌年１年間に行うカリの投与の総量、および失われるカリの総量を求めて、これらの数値から、１年の終わりにどれだけのカリが土壌中に残っているのかが計算でき、それによって肥料としてのカリをどれだけ投与すればよいのか、あるいは投与する必要がないのかについて、ある程度の目安となる。

これをまとめてみたものが２１８ページの図６‐７である。ここでは土壌に投入されるカリ、および土壌から失われるカリのそれぞれの量を由来別に示している。このグラフでは、有効カリの初期レベルを60ｐｐｍとしている。芝草を健全に生育させるためには、土壌中のカリの量が、35ｐｐｍ以下にならないように維持しておく必要があるから、60ｐｐｍはスタート時として十分な量だ。芝草が１年間に消費するのは54ｐｐｍである。これは１年間に回収される刈粕の量を４００ｇ／㎡とし、刈粕に含まれるカリを２％として計算で求めた値である。

カリの一般的な施肥量は、1年間に8g／㎡である。これは、根圏全体でいうと54ppm増加させることを意味しており、これによって根圏中の量はスタート時の60ppmに戻る。天然の雨に含まれているカリの量は無視できるほどにわずかなものだろうが、散水用水には、それなりの量のカリが含まれているはずである。ここでは、散水用水に含まれるカリの量を5ppmと想定し、1年間の散水量を300㎜と想定しよう。すると、散水用水から供給されるカリの量は10ppmとなる。

さて、このようにして施肥、および散水からカリが供給されるわけであるが、土壌の陽イオン交換容量（CEC）は一定であって保持能力には限界がある。したがって、1年間にわたって与えられたカリが、残らず土壌中に保持されることはないだろう。そして、CECによってしっかりと保持されていないカリは、大雨が降れば溶脱を起こす。これを8ppmと想定しよう。

図6－7に示したカリの質量収支は、60ppmからスタートして、芝草による消費によって54ppmが失われ、施肥によって54ppmが追加され、散水によって10ppmが追加され、溶脱によって8ppmが失われ、1年が終了した後の土壌中の残留量は62ppmとなる。肥料として投与する量を調整することによって、土壌中のカリの量の増減と1年間のカリの収支の流れを調整することができる。各栄養素についてこうした検討を行うことができる。同時に、これは質の高い施肥計画訓練になるだろう。

栄養要求に対する新たな視点

A new way to look at turf nutrient requirements

筆者が日本と中国でグリーンキーパーとして働いていたのは1998~2001年だが、当時の自分と今の自分とでは、肥料についての基本的な考え方が大きく異なっている。研究者としての道を歩み始め、すでに15年間以上も栄養について学んできて、肥料についての自分の理解は当時に比べて格段に深まったと思う。そこで最後の項では、芝草の栄養と施肥に関する自身の認識の変化と現在の立場について述べてみたい。実を言うと、自分の認識が変化していたことに気がついたのはごく最近なのである。

上海でグリーンキーパーをしていた時のことは、今でもよく覚えている。上海の気候は鹿児島の気候にちょっと似ていた。暑い地方なので、寒地型芝草の管理は難しい。そういう場所で、ペンクロスのティグラウンド、ペンG-2のグリーン、そしてケンタッキーブルーグラスのフェアウェイとラフを管理していた。芝草の栄養素についての当時の認識は、個別の栄養素を個別に検討する以外の何物でもなく、各栄養素についての考え方は、母校のオレゴン州立大学の授業で学んだことと、99年のGCSAA大会のセミナーで学んだことがベースとなっていた。

具体的にどのような認識だったのか。カリウムはストレス耐性、踏圧耐性、細胞内の水分の制御、気孔の開閉制御、高温・低温耐性などに重要であり、リンは根系の発達と細胞内のエネルギー伝達に重要であり、カルシウムは根の生長と細胞壁の強化、細胞膜の適切な機能に関わり、鉄は葉緑素、ターフの色、および効率のよい光合成のために必要といったものだった。このような考え方がベースにあったので、施肥計画を立てるにあたっては、「芝草を○○したいから××を撒く」という発想をしており、投与量についてあまり深く考えることがなかった。

当時は、たとえば「フェアウェイにカリウムを入れれば夏の高温耐性がよくなるだろう」という考えでやっていた。そして、「細胞壁と細胞膜の機能強化のためにカルシウムも入れよう」と計画を立てていった。こうした発想は決して筆者独特ではなく、多くのグリーンキーパーも同じような発想で施肥を行っているのではないだろうか。芝草関係のセミナーや授業を見ていても、栄養素について語られている内容は昔とあまり変わっていない。芝草への栄養供給について、筆者がもっとも重要であると感じていることが十分にカバーされていないように思う。

芝草の栄養について学べば学ぶほど、芝草に対するカリウムの機能がどうか、リンの機能がどうかといったことはそれほど重要ではないと思うようになった。栄養素そのものの重要性を否定しているのではない。どの栄養素も、クオリティの高いターフを作るために必要不可欠なものである。しかし、(筆者が以前にそうであったように)個々の栄養素の機能についてあれこれ考えるよりも、はるかに重要なことがある。

施肥について学び、理解が深まるにつれて、栄養要求について考える「新たな視点」を持つようになった。それは、『芝草が必要とする量を満たしているかどうか』ということである。そして、この質問は直ちに次の問いを呼び起こす。

『もし足りないとしたら、どれだけ投与すれば必要量を満たせるのだろうか？』

この新しいアプローチの基本となっている論理は単純である。必要量を満たしてやりさえすれば、根の発達（リンの機能）であれ、耐暑性（カリの機能）であれ、葉緑素の生産（鉄の機能）であれ、各栄養素の機能はすべて達成されてしまうのである。

この新しいアプローチでは、何のために何を撒くかという発想ではなく、それぞれの栄養素がどれだけ必要なのかを知ること。そして、芝草がいつでもその量をきちんと供給されている状態に維持されていることを主眼としている。それぞれの栄養素がどれだけ必要であるのかを知ることは、極めて簡単なことだ。チッソ投与量が決まれば、他のすべての栄養素の必要量が自動的に決まる。なぜならば、芝草の生長は基本的にチッソ量によって決まるものであり、芝草が必要とする他の栄養素の量は芝草が取込むチッソの量によって決まるからだ。芝草の組織を作っている栄養素の量は芝種や季節でそう大きく変わるものではない。いつも元気な芝草にしたいのならば、栄養素を欠乏させないことが必要である。次ページの表6-2はクリーピングベントグラスを構成する栄養素と、その一般的な割合を示している。そしてこれらの数値は、他の芝種であってもほぼ同じである。

ここに挙げた数値を出発点として、自分が投下しているチッソの量を4％で割れば、年間（月間でも週間でも1日でも）の刈粕収量が分かる。たとえば、年間のチッソ施用量が15gN／㎡であるなら、これを芝草の葉身の一般的なチッソ含有率である4％Nで割って（15÷0・04＝）、1年間に

■表6-2

栄養素	葉身内の一般的含有率 単位:%(gN/㎡)	年間チッソ量 単位:%(gN/㎡)			
		10	15	20	25
N	4.0(40)	10.0	15.0	20.0	25.0
K	2.0(20)	5.0	7.5	10.0	12.5
P	0.5(5)	1.3	1.9	2.5	3.1
Ca	0.45(4.5)	1.1	1.7	2.3	2.8
Mg	0.2(2)	0.5	0.8	1.0	1.3
S	0.2(2)	0.5	0.8	1.0	1.3

葉身に通常含まれる主な栄養素の割合と年間チッソ量から割り出される１次・２次栄養素の年間必要量。上記チッソ投与量から導き出される年間刈粕量はそれぞれ 250、375、500、625 ｇ／㎡

３７５ｇ／㎡程度の刈粕が出ていると考えられる。この数値から、葉身内のカリの含有率は２%、リンは０・５%、カルシウムは０・45%など、芝草がそれぞれの栄養素を１年間にどれだけ必要とするのか（刈粕として失うか）を求めることができる。

１つだけ注意しなければいけないのは、４%は控えめな値であるということだ。生長旺盛な時のベントグラスの場合は、４%よりも大きな可能性がある。通常、グリーンキーピングでは旺盛な生長を意図的に抑えるものだが、ここでは仮に、年間を通じての葉身のチッソ含有率が４%ではなく５%であるとし、チッソの施肥量をこれまでどおりの15ｇ／㎡ということにしてみよう。そうすると、刈粕の見込み収量は（(15÷０・05＝)）３００ｇ／㎡と少なくなる。ポイントとして知っておいてもらいたいのは、4％という数値が控えめなものであり、これで計算すると、刈粕の量は多めになり、他の栄養素の必要量も多めに出てくるということである。

消費される栄養素の量が把握できたなら、次は投与方法である。2つの選択肢がある。それぞれの栄養素の必要量を、できれば少量ずつ何回にも分けて、ただしその間に不足が生じないように注意して与える方法。もう1つは、土壌分析を行って土壌内部に現時点で存在している栄養素の量を把握してから投与量とタイミングを決めるというものである。後者の方法がベターではある。

消費される量と同じ量を与えるシンプルな方法と、消費される量のうち土壌から供給される量と肥料として供給する量を分けて考えるという2つの方法があるわけだ。いずれにせよ、筆者が現在ベースとしている考え方は、必要量を基礎にしており、どのような栄養素を与えればどうなるかがベースではない。自分がグリーンキーパーをしていた頃を考えると、各栄養素の機能に気を取られるあまり、（たいていの場合はこれだが）特定の栄養素を多く与え過ぎたり、（時々はこういうこともあるが）減らし過ぎたりしていたと思う。しかし、遣り過ぎはムダ、不足は欠乏を招く。大切なのは量である。適切な量である。

Reference 参考文献

Allen, R. G., Pereira, L., Raes, D., & Smith, M. (1998). Crop evapotranspiration: Guidelines for computing crop water requirements. *FAO irrigation and drainage paper 56. Irrigation and drainage paper (Vol. 56, pp. 377-384).* Rome: FAO. Retrieved from http://www.fao.org/docrep/X0490E/X0490E00.htm

Baldwin, C., & Liu, H. (2008). Altered light spectral qualities impact on warm-season turfgrass growth and development. *USGA Turfgrass and Environmental Research Online, 7*(9), 1-12. Retrieved from http://usgatero.msu.edu/v07/n09.pdf

Bauer, S., Lloyd, D., Horgan, B. P., & Soldat, D. J. (2012). Agronomic and physiological responses of cool-season turfgrass to fall-applied nitrogen. *Crop Science, 52*(1), 1-10. https://doi.org/10.2135/cropsci2011.03.0124

Beard, J. B., & Beard, H. J. (2005). *Beard's turfgrass encyclopedia for golf courses, grounds, lawns, sports fields.* East Lansing: MI: Michigan State University Press. Retrieved from http://tic.msu.edu/tgif/flink?recno=93886

Brede, A. D. (1991). *Correction for slope in green speed measurement of golf course putting greens. Agronomy Journal, 83, 425-426.* https://doi.org/10.2134/agronj1991.00021962008300020032x

Bunnell, B. T., McCarty, L. B., Faust, J. E., W. C. Bridges, Jr., & Rajapakse, N. C. (2005). Quantifying a daily light integral requirement of a "Tifeagle" bermudagrass golf green. *Crop Science, 45, 569-574.* https://doi.org/10.2135/cropsci2005.0569

Carrow, R. N. (2003). Surface organic matter in bentgrass greens. *USGA Turfgrass and Environmental Research Online, 2*(17). Retrieved from http://usgatero.msu.edu/v02/n17.pdf

Dest, W. M., Guillard, K., Rackliffe, S. L., Chen, M. H., & Wang, X. (2010). Putting green speeds: A reality check! *Applied Turfgrass Science.* https://doi.org/10.1094/ATS-2010-0216-01-RS

Ervin, E., & Nichols, A. (2010). Organic matter dilution programs for sand-based putting greens in Virginia. *USGA Green Section Record, 48*(16), 1-4. Retrieved from http://turf.lib.msu.edu/gsr/article/ervin-nichols-organic-9-24-10.pdf

Gault, W. K. (191x). *Practical golf greenkeeping.* The Golf Printing and Publishing Co., London, England. Retrieved from http://tic.msu.edu/tgif/flink?recno=33203

Gelernter, W., & Stowell, L. J. (2005). Improved overseeding programs: 1. the role of weather. *Golf Course Management, 73*(3), 108-113. Retrieved from http://tic.msu.edu/tgif/flink?recno=102720

Gross, P. (2012). Hand watering greens at the U.S. Open. *USGA Regional Update.* Retrieved from http://tic.msu.edu/tgif/flink?recno=207427

Guertal, E., & Han, D. (2009). Timing of irrigation for cooling bentgrass greens with and without fans. *USGA Turfgrass and Environmental Research Online, 8*(17), 1-5. Retrieved from http://usgatero.msu.edu/v08/n17.pdf

Hall, A. D. (1912). The book of the links: A symposium on golf. In (pp. 31-45). London: W. H. Smith & Son. Retrieved from http://tic.msu.edu/tgif/flink?recno=134903

Hamilton, G. W., Livingston, D. W., & Gover, A. E. (1994). *The effects of light-weight rolling on putting greens.* London: E.; F. N. Spon. Retrieved from http://tic.msu.edu/tgif/flink?recno=25095

Hartwiger, C. (2004). The importance of organic matter dynamics: How research uncovered the primary cause of secondary problems. *USGA Green Section Record, 42*(3), 9-11. Retrieved from http://turf.lib.msu.edu/2000s/2004/040509.pdf

Hartwiger, C. E., Peacock, C. H., DiPaola, J. M., & Cassel, D. K. (2001). Impact of light-weight rolling on putting green performance. *Crop Science*, 41(4), 1179-1184. https://doi.org/10.2135/cropsci2001.4141179x

Hartwiger, C., & O'Brien, P. (2001). Core aeration by the numbers. *USGA Green Section Record, 39*(4), 8-9. Retrieved from http://tic.msu.edu/tgif/flink?recno=68543

Jordan, J. E., White, R. H., Vietor, D. M., Hale, T. C., Thomas, J. C., & Engelke, M. C. (2003). Effect of irrigation frequency on turf quality, shoot density, and root length density of five bentgrass cultivars. *Crop Science, 43*(1), 282-287. https://doi.org/10.2135/cropsci2003.2820

Kaminski, J. E., & Dernoeden, P. H. (2005). Nitrogen source impact on dead spot (*Ophiosphaerella agrostis*) recovery in creeping bentgrass. *International Turfgrass Society Research Journal, 10*(1), 214-223. Retrieved from http://tic.msu.edu/tgif/flink?recno=105374

Karcher, D., Nikolai, T., & Calhoun, R. (2001). Golfer's perceptions of green speeds vary: Over typical stimpmeter distances, golfers are only guessing when ball-roll differences are less than 6 inches. *Golf*

Course Management, 69(57-60). Retrieved from http://tic.msu.edu/tgif/flink?recno=72405

Karnok, K., & Tucker, K. (2008). Using wetting agents to improve irrigation efficiency: Greens with a water repellent root zone require less water when treated with a wetting agent. *Golf Course Management, 76*(6), 109-111. Retrieved from http://tic.msu.edu/tgif/flink?recno=136496

Kussow, W., & Houlihan, S. (2006). The new soil test interpretations for Wisconsin turfgrass. *Wisconsin Turfgrass News, 24*(1), 1, 14-16. Retrieved from http://tic.msu.edu/tgif/flink?recno=151815

Lawes, J. B., & Gilbert, J. H. (1859). Report of experiments with different manures on permanent meadow land. part III. description of plants developed by different manures. *Journal of the Royal Agricultural Society of England, 20, 246-272.* Retrieved from http://tic.msu.edu/tgif/flink?recno=179487

Lloyd, D. T., Soldat, D. J., & Stier, J. C. (2011). Low-temperature nitrogen uptake and use of three cool-season turfgrasses under controlled environments. *HortScience, 46*(11), 1545-1549. Retrieved from http://hortsci.ashspublications.org/content/46/11/1545.full

Nikolai, T. A. (2004). *The superintendent's guide to controlling putting green speed.* Wiley. Retrieved from http://tic.msu.edu/tgif/flink?recno=94696

Nikolai, T., Rieke, P., J. N. Rogers III, & J. M. Vargas Jr. (2001). Turfgrass and soil responses to lightweight rolling on putting green root zone mixes. *International Turfgrass Society Research Journal, 9*(2), 604-609. Retrieved from http://tic.msu.edu/tgif/flink?recno=74233

O'Brien, P., & Hartwiger, C. (2003). Aeration and topdressing for the 21st century. *USGA Green Section Record, 41*(2), 1-7. Retrieved from http://turf.lib.msu.edu/2000s/2003/030301.pdf

Piper, C. V. (1924). Grass experiments at Rothamsted, England. *Bulletin of the Green Section of the USGA, 4*(4), 101-104. Retrieved from http://tic.msu.edu/tgif/flink?recno=49247

Piper, C. V., & Oakley, R. A. (1921). Rolling the turf. *Bulletin of the Green Section of the USGA, 1*(3), 36. Retrieved from http://tic.msu.edu/tgif/flink?recno=47552

Pippin, T. (2010). The five-day program: Alternative philosophy for managing your topdressing program. *USGA Green Section Record, 48*(1),

17-19. Retrieved from http://turf.lib.msu.edu/gsr/2010s/2010/100117.pdf

Pote, J., Wang, Z., & Huang, B. (2006). Timing and temperature of physiological decline for creeping bentgrass. *Journal of the American Society for Horticultural Science, 131*(5), 608-615. Retrieved from http://journal.ashspublications.org/content/131/5/608.short

Sartain, J., & Kruse, J. (2001, April). Selected fertilizers used in turfgrass fertilization. University of Florida Extension CIR 1262. Retrieved from http://ufdcimages.uflib.ufl.edu/IR/00/00/31/23/00001/SS31800.pdf

Soper, D. Z., Dunn, J. H., Minner, D. D., & Sleper, D. A. (1988). Effects of clipping disposal, nitrogen, and growth retardants on thatch and tiller density in zoysiagrass. *Crop Science, 28*(2), 325-328. https://doi.org/10.2135/cropsci1988.0011183X002800020030x

Turgeon, A. J. (2008). *Turfgrass management 8th ed.* Pearson Prentice Hall. Retrieved from http://tic.msu.edu/tgif/flink?recno=127766

USGA. (2012). Stimpmeter instruction booklet. Far Hills, NJ. Retrieved from http://tic.msu.edu/tgif/flink?recno=70149

USGA Green Section Staff. (2004). USGA recommendations for a method of putting green construction. USGA web site. Retrieved from http://tic.msu.edu/tgif/flink?recno=94463

Watson, J., & Knowles, T. (1999). Leaching for maintenance: Factors to consider for determining the leaching requirement for crops. *Arizona Water Series, 22,* 1-3. Retrieved from http://extension.arizona.edu/pubs/az1107.pdf

Xu, Q., & Huang, B. (2000a). Effects of differential air and soil temperature on carbohydrate metabolism in creeping bentgrass. *Crop Science, 40*(5), 1368-1374. https://doi.org/10.2135/cropsci2000.4051368x

Xu, Q., & Huang, B. (2000b). Growth and physiological responses of creeping bentgrass to changes in air and soil temperatures. *Crop Science, 40*(5), 1363-1368. https://doi.org/10.2135/cropsci2000.4051363x

Zontek, S. J. (2009). When the going gets tough, go back to basics. *USGA Green Section Record, 47*(4), 28. Retrieved from http://turf.lib.msu.edu/2000s/2009/090728.pdf

マイカ・ウッズ（Micah Woods, Ph.D.）
オレゴン州立大学で学士号（B.Sc.：園芸学、芝草専攻）、コーネル大学で芝草学博士号（Ph.D.）を取得。この間、米国内6ゴルフ場で管理スタッフとして働き、中国にわたって上海リンクスGCでスーパーインテンデントとして2年間、日本の埴生CC（現ゴールデンクロスCC）でグリーンキーパーとして1年間を過ごす。その後、2006年にタイにアジアンターフグラスセンターを設立。マスターズ（12回）、全米オープン（2回）、全英オープン（3回）など、数々の主要トーナメントで現場支援を行っている。芝草のためのMLSN土壌栄養ガイドラインの共同開発者でもあり、芝草について各種研究および講演を世界各地で行っている。ゴルフ場セミナー誌（ゴルフダイジェスト社）には2008年より連載を開始し、現在に至る。

マイカの時間〝TheBOOK〟

芝草科学とグリーンキーピング

2017年3月1日　初版発行
2024年12月19日　第4刷発行

著　者　マイカ・ウッズ
発行者　木村玄一
発行所　ゴルフダイジェスト社
〒105-8670　東京都港区新橋6-18-5
TEL 03-3432-4411（代表）　03-3431-3060（販売）
組　版　クラブアドバンス
印　刷　大日本印刷

乱丁、落丁の本がございましたら、小社販売部までお送り下さい。
送料小社負担でお取り替えいたします。

定価：本体1500円＋税

ISBN 978-4-7728-4172-6　C3045